用iPad畫出美好的世界
Procreate快速入門技法

飛樂鳥 著

Preface

前 言

畫畫時是不是常常受制於工具？每個畫種都有一套對應的畫材，每種畫材
還有諸多選擇，讓初學者常有不知從何入門的感覺。這一系列的問題都可
以借助 iPad 繪畫得到解決。利用 Procreate 中豐富的筆刷庫，我們可以
創作出風格多樣的作品！

這是一本 iPad 繪畫的入門教學書。針對 Procreate 繪畫技法，從基礎知
識開始講解，帶領大家熟悉並掌握基本操作；再透過實際的範例幫助大家
鞏固 Procreate 的操作技巧，以便後續自己能熟練地使用 iPad 進行創作。

書中除了詳細的範例步驟外，還提供手勢操作的方法和圖層的使用技巧，
讓大家的學習過程更輕鬆。學會 Procreate 繪畫之後，我們不必再面對地
點和畫材受限的問題，可以真正做到隨時隨地創作，讓繪畫完美融入我們
的日常生活中。

飛樂鳥

線上下載說明

範例檔與筆刷檔請連至網址 http://books.gotop.com.
tw/download/ACU084700 或是掃描右方 QR Code 下載，
檔案為 ZIP 格式，請讀者下載後自行解壓縮即可。其內容
僅供合法持有本書的讀者使用，未經授權不得抄襲、轉載
或任意散佈。

Contents 目 錄

Contents

Lesson 2
▶ 記錄日常的小圖畫

目 錄

iPad 繪畫與傳統繪畫的不同

 可攜帶性對比 iPad 繪畫與傳統繪畫最明顯的不同就是繪畫工具的可攜帶性。外出畫傳統繪畫時需要攜帶非常多的工具，而 iPad 繪畫讓隨時隨地創作得以實現。

享用一杯咖啡的時間即可完成一張小圖

睡前或午間休憩時可在床上自由創作

裝在袋子裡就能帶走，隨時隨地創作

iPad 繪畫最大的優勢在於不會受到工具或地點的限制。只要我們有 iPad 和 Apple Pencil，就可以自由地繪畫，不必糾結於帶什麼繪畫工具和在哪裡作畫。

傳統繪畫工具

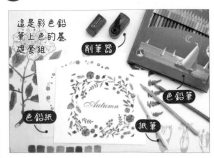

這是彩色鉛筆上色的基礎套組

削筆器

色鉛筆

色鉛紙

紙筆

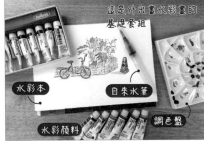

這是外出畫水彩畫的基礎套組

水彩本

自來水筆

水彩顏料

調色盤

傳統繪畫受工具和材料的影響較大，外出作畫時需要攜帶多種工具，不同畫作所需要的工具不同。同時會受到地點限制，便利性比 iPad 繪畫差一些。

📝 隨時隨地記錄創作

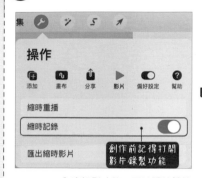

創作前記得打開影片錄製功能

將影片儲存到相片後，可以對影片進行編輯操作

Procreate 內建錄影功能，可以隨時隨地記錄下我們的創作過程，而不用在作畫的同時架設拍攝裝備來記錄。

iPad 選購小提示

iPad 的型號非常多，價格也從 10500 元至 39900 元不等。大家可以參考下方的對比資料，根據自己的預算進行選購；但是 iPad 型號、規格與價格也會有異動，實際價格請依購買當時的官方或其經銷通路公布為準。

iPad Pro	iPad Air	iPad	iPad mini
	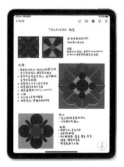		
有 12.9 英吋和 11 英吋兩種吋，價格 24900 元起	10.9 英吋，價格 17900 元起	10.2 英吋，價格 10500 元起	7.9 英吋，價格 14900 元起

Pro 和 Air 是 iPad 系列裡面的中高階產品，性能最優越。若想作為繪圖主力產品，這兩款比較適合，且均可搭配第 2 代 Apple Pencil 觸控筆。

iPad 和 mini 價格實惠，以入門款而言，CP 值較高，且能滿足一般的繪圖和娛樂需求。這兩款均可搭配第 1 代 Apple Pencil 觸控筆。

iPad 的繪圖裝備

 必備工具 iPad 繪畫必不可少的 APP 是 Procreate 。雖然 iPad 上還有很多其他的繪圖類 APP，但是 Procreate 操作簡單、介面簡潔，即使無板繪基礎也可以輕鬆上手，是 目前最受歡迎的 APP 之一。

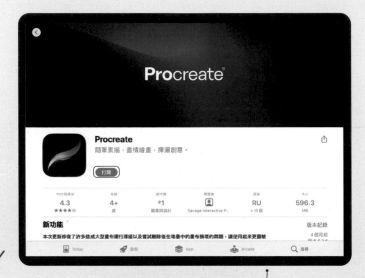

Procreate 是一款付費 APP，購買並安裝後，後續再無付費項目

第 2 代 Apple Pencil，磁吸式充電更方便

 輔助工具 除了 iPad 和 Pencil 之外，還有一些輔助工具，為作畫提供更多的便利性。

● 筆尖 & 保護套

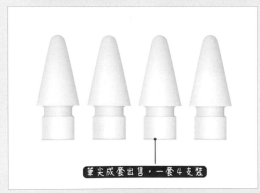

筆尖成套出售，一套 4 支裝

Pencil 筆刷的筆尖是可替換的，但無粗細、大小等 區分，原廠筆尖可在 Apple 官網進行選購。

三折保護套，可當 作繪畫時的支架

iPad 保護套能提供保護平板的作用，三折保護套還 可當作繪畫時的支架，功能性較強。

市面上有很多 Apple Pencil 的替代筆尖，筆尖的形式多樣，如右圖中的金屬筆尖，可避免筆尖磨損。但相較而言，還是原廠筆尖的使用感受更好。

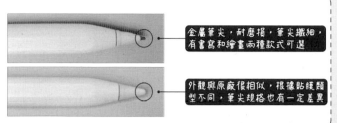

金屬筆尖，耐磨損，筆尖纖細，有書寫和繪畫兩種款式可選

外觀與原廠很相似，根據貼膜類型不同，筆尖規格也有一定差異

● 可拆卸類紙膜

可拆卸類紙膜可直接貼在鋼化膜上方

類紙膜貼合好後可直接使用，不用擔心掉落

類紙膜比起鋼化膜來說，在繪畫的時候更接近手繪感，但是類紙膜貼上後會使螢幕清晰度減弱。因此市面上推出了一種可拆卸的類紙膜，以磁吸的方式貼合在 iPad 上，可自由地更換使用。

● 更多的繪畫類 APP

除了 Procreate 外，iPad 上還有一些其他的繪畫類 APP 可供使用。只是相較 Procreate 而言，它們操作上的便捷性可能稍弱，在實際創作中可根據需求進行選擇。

Art Set

筆刷質感豐富多樣，很貼近實際繪製效果

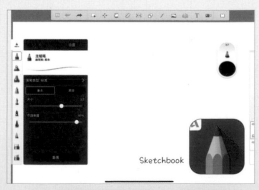

Sketchbook

介面與 Procreate 有些相似，筆刷庫豐富

認識 Procreate 介面

 作品集介面 　當我們點開 APP 後第一個看到的就是作品集介面，可以將它想成圖庫檔案夾，在這裡我們可以對繪畫檔案進行管理。

點按左上角的軟體 logo，可清楚
了解 APP 的的相關版本資訊

❶　❷　❸

❶ 選擇

堆疊　預覽　分享　複製　刪除

點按「選取」按鈕可對繪畫檔案進行堆疊、預覽、分享、複製和刪除等操作，以便對檔案進行不同的管理。

❷ 匯入 / 照片

點按「匯入」或「照片」按鈕，可添加現有檔案或照片來新增繪畫檔案。在檔案匯入方面，Procreate 所能容納的格式相當多樣化，相容性相對也較高。

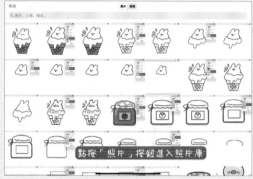

❸ 新增畫布

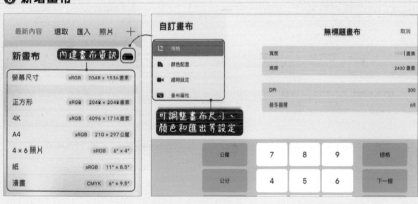

點按「＋」按鈕可新增畫布，APP 內建了一些已設定好的畫布可供選擇。也可點按右上角的 [▭]，進入「自訂畫布」介面，根據需要進行相關設定即可。

📝 檔案重新命名

單指點按檔案下方的「未命名作品」文字，可修改檔案的名稱，讓檔案列表變得更清晰。

畫布介面

畫布介面是我們創作時的主要操作介面。Procreate 一大優勢就是介面簡潔，但是每個按鈕下隱藏的功能卻很強大。下面讓我們一起來了解一下吧！

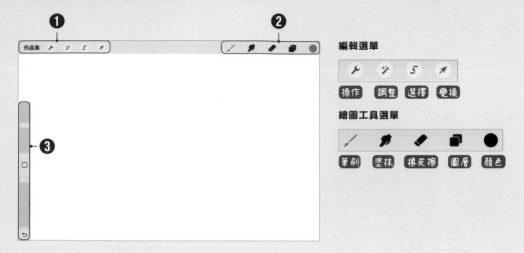

編輯選單

操作　調整　選擇　變換

繪圖工具選單

筆刷　塗抹　橡皮擦　圖層　顏色

❶ 編輯選單

編輯選單中一共有 4 個按鈕，主要關於檔案的匯入、匯出、移動和調色等操作，此外也包括手勢的設定和畫布資訊。

「操作」選單

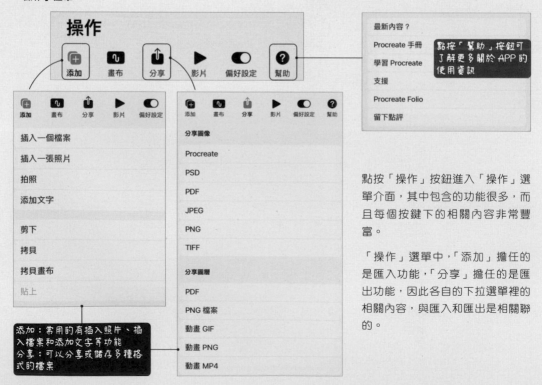

操作

添加　畫布　分享　影片　偏好設定　幫助

添加　畫布　分享　影片　偏好設定

插入一個檔案
插入一張照片
拍照
添加文字

剪下
拷貝
拷貝畫布

貼上

添加：常用的有插入照片、插入檔案和添加文字等功能
分享：可以分享或儲存多種格式的檔案

添加　畫布　分享　影片　偏好設定　幫助

分享圖像
Procreate
PSD
PDF
JPEG
PNG
TIFF

分享圖層
PDF
PNG 檔案
動畫 GIF
動畫 PNG
動畫 MP4

最新內容？
Procreate 手冊
學習 Procreate
支援
Procreate Folio
留下點評

點按「幫助」按鈕可了解更多關於 APP 的使用資訊

點按「操作」按鈕進入「操作」選單介面，其中包含的功能很多，而且每個按鍵下的相關內容非常豐富。

「操作」選單中，「添加」擔任的是匯入功能，「分享」擔任的是匯出功能，因此各自的下拉選單裡的相關內容，與匯入和匯出是相關聯的。

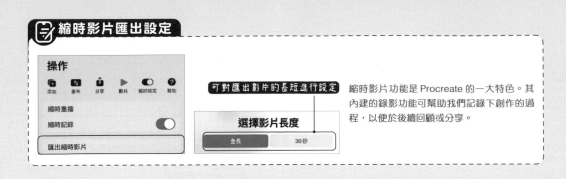

縮時影片匯出設定

縮時影片功能是 Procreate 的一大特色。其內建的錄影功能可幫助我們記錄下創作的過程，以便於後續回顧或分享。

「調整」選單

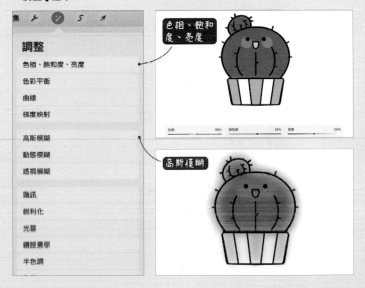

點按「調整」按鈕進入「調整」選單，這裡主要是關於一些色彩整體調整，可理解為濾鏡模式，如高斯模糊可用於創作時繪製漸層或雨天模糊的畫面效果。

這部分功能比較多樣化，大家可以多加嘗試後，根據需要選擇適合的模式加以運用。

選擇工具 / 變換工具

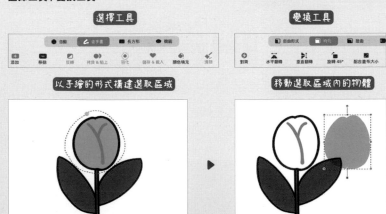

選擇工具和變換工具常常在創作時結合使用。選擇工具可用於輔助上色，變換工具可用於修改元素或移動位置。選擇工具和變換工具有多種模式，根據各模式的名稱可了解其內容。

❷ 繪圖工具選單

繪圖工具選單中包括了創作時最主要的工具：筆刷、塗抹、橡皮擦、圖層和顏色。此處只是概述，具體的使用方法將在後續內文中進行講解。

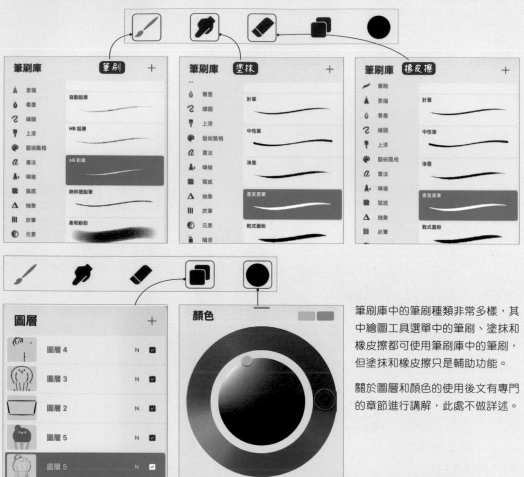

筆刷庫中的筆刷種類非常多樣，其中繪圖工具選單中的筆刷、塗抹和橡皮擦都可使用筆刷庫中的筆刷，但塗抹和橡皮擦只是輔助功能。

關於圖層和顏色的使用後文有專門的章節進行講解，此處不做詳述。

❸ 快捷工具列

快捷工具列位於畫布介面的左側，呈直條狀，可透過上下滑動來調整筆刷，是創作時常用的工具之一。

快捷工具列中的取色滴管、撤銷和重做都有對應的手勢操作，使繪製更為便捷，這部分會在後文中進行詳解。

Lesson 1

Procreate
操作技巧與應用

認識圖層介面

圖層可以理解為完成一張作品所用到的紙張，多個圖層疊加繪圖時不會對先前的畫面產生影響，且能夠讓創作變得更便利。

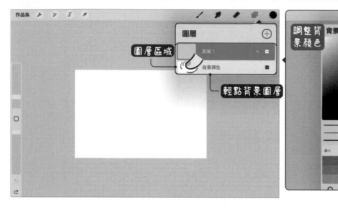

新增畫布，點按右上角的「圖層」按鈕，可以看到一個空白圖層和一個背景圖層。背景圖層預設是白色，我們可以根據需要調整其顏色。

● 圖層的基本屬性

了解圖層的基本屬性，學習如何對單個圖層進行編輯，降低畫面的調整難度，讓創作變得更順暢。

❶ 新增圖層 & 圖層的開關

點按圖層列表上方的符號「＋」，在畫布中創建新的圖層。新圖層在預設下是放置在之前圖層的上方，圖層順序可按需要上下移動調整。圖層列表右側的小方塊是圖層的開關，點按它們可使符號「✓」出現或消失，即對圖層進行打開或關閉的操作。

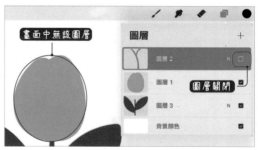

❶ 左滑圖層

指尖點按圖層向左滑動，可對圖層進行鎖定、複製或刪除操作。

鎖定：不能在該圖層上進行繪畫。
複製：複製圖層中的元素。
刪除：刪去該圖層。

❷ 右滑圖層

指尖點按單個圖層逐一向右滑動，可選擇多個圖層，並進行統一的操作。

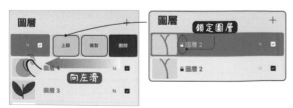

圖層的使用

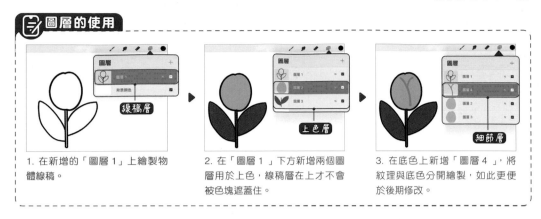

1. 在新增的「圖層 1」上繪製物體線稿。

2. 在「圖層 1」下方新增兩個圖層用於上色，線稿層在上才不會被色塊遮蓋住。

3. 在底色上新增「圖層 4」，將紋理與底色分開繪製，如此更便於後期修改。

圖層群組的使用

圖層群組類似於我們常用的檔案夾，將多個圖層放在一起，形成「群組」。在創作複雜插畫的時候，對圖層進行分組可以讓圖層變得更加有序，使我們能更快速地找到需要操作的圖層，利於創作。

● 圖層群組的新增

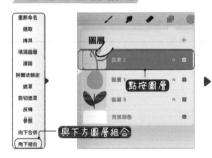

圖層群組的建立方式：

點按選定藍色圖層，待彈出圖層選項選單後，選擇「向下組合」命令，即可建立圖層群組。

可將選定圖層與下方鄰近圖層合為一個組合，使圖層列表變得整齊有序。

● 圖層群組的基本屬性

在不合併葉子圖層的情況下，可以只對花苞進行修改調整，這樣可保留圖層便於後期修改。

圖層群組的操作大致上與圖層相似，我們可對圖層群組進行移動、複製和刪除等操作。只是要注意圖層群組選項選單中的「扁平化」命令，它的功能是將圖層群組下方的圖層合併為單一圖層。單一圖層可以整體調整，但不能局部修改。

圖層的基本功能介紹 圖層的基本功能包括兩方面——圖層選項和混合模式，只有充分了解各項功能的用法，才能更熟練地使用圖層。

● **圖層選項** 圖層選項選單中有很多功能，透過此選單可對圖層進行重命名、向下組合和選擇等操作，它讓創作的可能性變得更多樣。

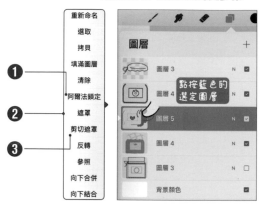

點按選定圖層，圖層的左側會出現圖層選項選單，創作時最常使用的功能是「阿爾法鎖定」和「剪切遮罩」這兩個。

「遮罩」和「剪切遮罩」功能相似，後面會做詳細解釋。

❶ 阿爾法鎖定

「阿爾法鎖定」是指除了創作部分之外，馬賽克區域不可做修改和調整，非常適合於細節調整和質感添加。具體用法是：選定並點按想修改的圖層，在彈出的圖層選項選單中打開「阿爾法鎖定」功能，選擇想要的顏色修改即可。

📝 阿爾法鎖定的好處

若不打開阿爾法鎖定，直接選擇藍灰色重新勾勒線條，線條的弧度和粗細可能會發生變化，使創作更繁瑣。

反之，打開阿爾法鎖定改色則會更快捷。

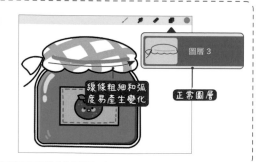

❷ 剪切遮罩

「剪切遮罩」是指在準備修改的圖層上新增一個圖層,而在此圖層上的操作不會對原圖層色塊有任何影響,且不會超過原圖層色塊的範圍。這對於在創作時用來修改色塊的顏色、質感和紋理非常有用,同時因為保留了原圖層,也很方便進行撤銷和修改等操作。

未使用剪切遮罩圖層

圖層 5

圖層 4

原圖層

疊加暗部時,色塊易超出範圍

圖層 5

圖層 4

剪切遮罩圖層,超出的色塊只是被隱藏,並未刪除

剪切遮罩狀態下,疊加的色塊不會超出底層色塊範圍

❸ 遮罩(圖層遮罩)

圖層遮罩

圖層 4

圖層遮罩是直接在原圖層上新增的

「遮罩」是指新增一個與原圖層綁定在一起、且位於原圖層上方的圖層,兩個圖層呈淺藍色並連接在一起。

「遮罩」和「剪切遮罩」的主要差異是,當想調整遮罩位置時,遮罩只能與原圖層一起移動。而剪切遮罩則是獨立的圖層,在調整過程中不會對原圖層造成影響。

📝 圖層遮罩的應用

圖層遮罩可以改變原圖層的透明度,但不對原圖層造成影響。其中黑色代表關閉原圖層,白色代表打開原圖層,中間色則代表改變原圖層的顏色深淺,這裡的中間色可以是任意顏色。

調淺底色

擦除底色

調淺底色

顯示底色

圖層縮略圖上顯示的色塊,僅有黑白灰的梯度變化

圖層遮罩

圖層 4

● 圖層混合模式

預設狀態下，處於上方的圖層會覆蓋其下方的圖層。使用圖層混合模式，可以改變圖層疊加的狀態，如加深或變淺。

點按選定圖層上的符號 N ，在彈出的圖層混合模式選項選單中，可以設定圖層的透明度和疊加方式。多嘗試各項功能，探索圖層的更多用法。

❶ 透明度

透明度指圖層的通透狀態，左右滑動數值條可以改變圖層的透明程度。此功能常用於線稿階段，將草圖圖層調淺，更方便勾勒物體的輪廓。

透明度的快捷方式

雙指輕點待調整的圖層，螢幕上方會出現透明度數值框。單指左右滑動調整數值，左滑透明度降低，右滑透明度提高。

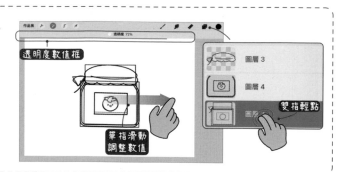

❷ 色彩增值

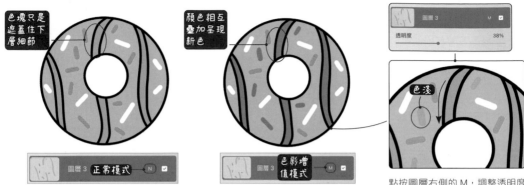

點按圖層右側的 M，調整透明度數值，可以調整色塊的深淺。

選擇與底色相同的粉色疊加暗部時，若是正常模式下，顏色深淺不會有變化。若是色彩增值狀態下，顏色會自動加深，增強上色的便利性。

色彩增值是指將圖層之間的元素進行疊加，以便達到顏色加深或質感疊加的效果，常用於畫面中陰影的繪製和紋理的製作。

📝 為什麼用色彩增值？

色彩增值可將下方圖層的色塊透出來，顏色相疊加會使底層顏色看起來有深淺變化，而實際上上層顏色並未改變，進而使明暗看起來更自然。

● 色彩增值製作紋理

點按「操作 > 添加」按鈕，然後點按「插入一張照片」命令，插入準備好的水彩紙紋。此時插入的紙紋將圖案完全覆蓋住了。因此將紙紋圖層調整為「色彩增值」模式，讓它與插畫的疊加顯得自然一些。調整好透明度後紋理就製作好了。

巧用手勢

 主介面手勢 主介面是指 Procreate 的作品集介面,在這裡我們可以藉助手勢整理檔案介面,讓它變得更整潔清晰。

● 堆疊

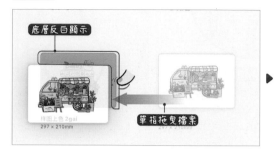

「堆疊」可以理解為建立檔案夾,將多個繪圖檔案存放到一個檔案夾內。具體的手勢操作方法如下。

拖曳一個繪圖檔案,將它放置在另外一個繪圖檔案上方;當底層檔案呈反白顯示時,手指離開螢幕,檔案自動組合成堆疊。

● 左滑檔案

左滑檔案會出現分享、複製和刪除的選項命令,可根據需要直接對檔案進行相關操作。其中點按「分享」命令可在作品集介面內直接以不同格式完成檔案的分享。

● 預覽

在作品集介面中,可直接全螢幕預覽作品。具體的手勢操作方法是:選定一個繪圖檔案,雙指放在檔案上方,向外伸展即可完成全螢幕顯示。

螢幕手勢 Procreate 為了給使用者更好的創作體驗，設計了很多提升創作效率的手勢操作，讓觸控為創作提供更多的便利性。

● **畫布操作** 畫布操作主要有移動、旋轉和縮放等幾個常用的手勢，掌握其用法可增強創作時的靈活性。

❶ **移動、旋轉和縮放畫布**

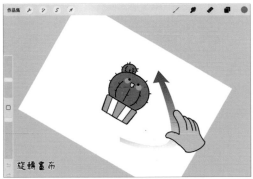

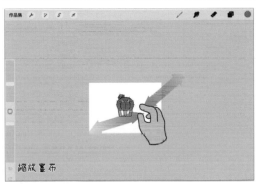

移動：雙指點按畫布，按住畫布一角不鬆手，可向任意方向移動畫布。此時畫布上的元素是隨著一起移動的。

旋轉：雙指捏合畫布時，手指向逆時針或順時針方向旋轉即可調整畫布的方向。

縮放：雙指放在畫布上，雙指撐開放大畫布，雙指聚攏縮小畫布；雙指快速向內捏合，可讓畫布還原至符合螢幕大小的尺寸。

❷ **全螢幕顯示畫布**

四指輕點螢幕，可讓工具欄隱藏以全螢幕顯示畫布，擴大創作介面，讓作畫時的心情變得更舒暢。再利用四指輕點可取消全螢幕模式。

● 撤銷

撤銷手勢可以便捷地撤銷畫錯或不想要的步驟，將畫面還原至之前某一步，這是板繪比手繪便利的部分。

當畫面中出現了不太理想的情況，想重新繪製時，可雙指點按畫布撤銷剛才繪製的內容，將畫面還原至上一步，再重新選色繪製。撤銷是可以連續操作的，如果雙指點按畫布不放手，可完成多次撤銷操作。

重做

撤銷之後，若想找回剛才的畫面，此時只需要三指輕點畫布，即可快速找回撤銷前的畫面。與撤銷一致，三指長按畫布可進行多步重做。注意撤銷和重做的步數皆是有限制的。

● 拷貝 & 貼上

雖然透過圖層或選項選單的一些操作，我們也可以完成元素的複製和貼上，不過手勢能讓這些操作變得更輕鬆。

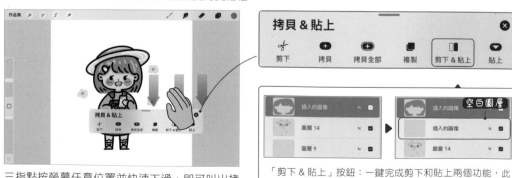

三指點按螢幕任意位置並快速下滑，即可叫出拷貝 & 貼上的命令選單，點按對應的按鈕即可完成所需的操作，同時該選單是可任意移動的。退出選單只需點按關閉按鈕即可。

「剪下 & 貼上」按鈕：一鍵完成剪下和貼上兩個功能，此時會在圖層列表中出現一個空白圖層。

圖層 & 調色盤手勢　圖層和調色盤各有一些手勢操作，此處介紹的是兩者各自的基本且常用的手勢操作方式。

● 圖層操作

除了前面提到的圖層選項和混合模式外，透過手勢也可以對圖層進行快速移動、合併和新增圖層群組等操作。

❶ 圖層的移動

新增圖層時，圖層預設都是在選定圖層的上方。此時若想調整圖層的順序，可點按選定的圖層並按住圖層不鬆手，即可向上或向下移動圖層，讓它按照我們的需要進行排列。

❷ 圖層的合併

選定需要合併的兩個或多個圖層，雙指向內捏合圖層，可將兩個或多個圖層合併為單一圖層。

❸ 新增圖層群組

選定單一的圖層，將它移動到想要組合的圖層上方，待底層圖層反白後鬆開手指，兩個圖層即會自動組合為一個圖層群組。此作法僅適用於兩個圖層新增群組。

❹ 阿爾法鎖定模式的快速啟動或關閉

雙指點按圖層並向右輕輕滑動，即可打開圖層的阿爾法鎖定模式，為我們節省了繁瑣的操作步驟。

再次雙指點按並向右輕滑即可關閉阿爾法鎖定模式。

● 調色盤操作 這裡介紹兩種調色盤操作：快速取色和快速填色，均是上色時使用最頻繁的。

❶ 快速取色

單指點按畫面中現有的色塊，當出現色環圈時，可自由選取自己需要的顏色。

❷ 快速填色

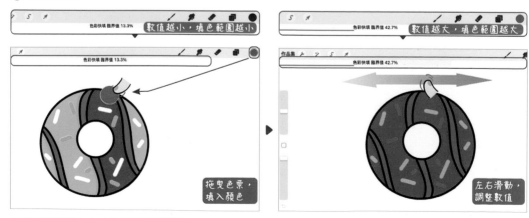

先用單指點按右上方的圓形色票並按住不放，將它拖曳到想填色的部分。此時若出現色塊未填滿的情況，可按住色票不鬆手，當畫布上方出現「色彩快填臨界值」時，左右滑動手指調整填滿的數值，讓填色的面積達到我們的需求。

手勢控制面板介紹

Procreate 內建的手勢都是可以更改的，而且還可以透過手勢控制面板設定新的手勢。

● 手勢觸摸的開關

進入手勢控制面板的方法是：點按「操作 > 偏好設定」按鈕，再點按「手勢控制」命令，即可進入手勢控制面板。

若我們不想繪畫時手掌誤觸螢幕而影響創作，可點按手勢控制面板中的「一般」命令，將「禁用按鍵行動」設定為開啟狀態即可。

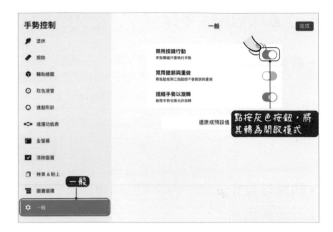

● 速選功能表的建立

速選功能表是指快速叫出選項選單，可對畫面進行拷貝、翻轉等操作，可理解為把各常用操作組合為一個快捷選單，讓創作變得更高效和簡便。

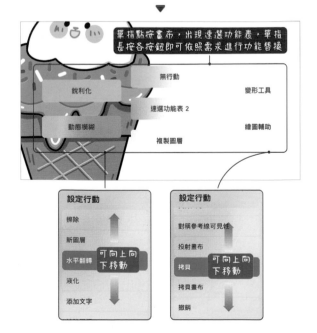

設定時出現警示符號

雖然手勢操作可以設定的內容很多，但是手勢是有限的，因此會出現設定相撞的情況。如上述中，單指觸控的方式既是速選功能表，又切換全螢幕。

此時 APP 會自動用第二次的設定替換之前的，因此要注意避免重複。

輔助功能的基本操作

直線的繪製要點

初學時徒手畫直線，線條經常會呈現彎彎曲曲的狀態。此時我們可藉助 Procreate 內建的功能，輕鬆畫出長直線。

● 直線的繪製方式

筆尖放置在畫布上任意畫一條線，在畫至線的尾端時不要急著提筆，讓筆尖在線的尾端不動，線條就會自動變成直線。且筆尖按住不動時，線條可任意改變方向。以此方法可以畫出不同方向和角度的直線。

筆尖按住不動
線條自動變直

筆尖不離開線尾，
單指輕點畫布空白
處也可畫出直線

● 直線的編輯

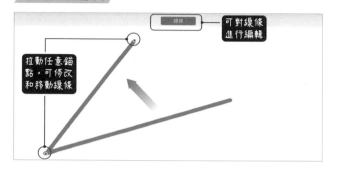

線條

可對線條
進行編輯

拉動任意錨
點，可修改
和移動線條

直線繪製好後，螢幕上方會出現「編輯形狀」按鈕，點按它可編輯畫好的直線。此時線的兩端會出現錨點，拉動錨點可改變線的長度和方向。

虛線的繪製方式

線條是由無數個節點組合而成的，因此繪製虛線時只需要將筆刷的間距調大一些，根據間距數值的大小來調整點與點之間的間隔。

數值越大，點
的間距越大

筆刷工作室　　　　　　　筆畫屬性

筆畫路徑　　　　　間距　　　　　　72%

穩定化　　　　　　抖動　　　　　　無

● 直線的應用

直線常用於繪製物體的輪廓，利用其平直的特點表現物體的扁平感。也可以利用直線的長短變化表現物體的紋理。

紋理

輪廓

輪廓和紋理

弧線的繪製要點

弧線在簡筆畫中也是常用的線條之一。利用與直線繪製相同的原理，可以畫出平滑且弧度變化豐富的弧線。

● 弧線的繪製方式

弧線的繪製方式與直線類似，也是先在畫布上繪製一段帶弧度的線條，然後筆尖點在螢幕上按住不動，線條會自動變得平滑。畫完後上方同樣會出現「編輯形狀」按鈕，可對弧線做調整。

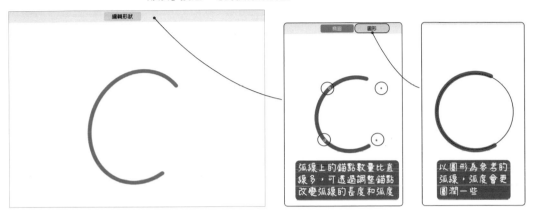

弧線上的錨點數量比直線多，可透過調整錨點改變弧線的長度和弧度

以圓形為參考的弧線，弧度會更圓潤一些

拖曳錨點修改弧線

拖曳線條上的錨點，可以任意改變弧度的大小和線條的長度，此作法直線、虛線和弧線均適用。

向外拖曳錨點，弧度變大，且線條變長

向內拖曳錨點，縮小弧線夾角

拖曳這個錨點，可改變弧線方向

● 弧線的應用

弧線的圓潤感減弱了直線給人的尖銳感，能讓物體顯得更可愛，因此常用於繪製物體輪廓和人物臉部。

波浪線的繪製要點

在繪製連續的波浪線時，容易畫得歪斜且線條抖動變化明顯，此時可利用弧線的繪製方式來表現。

● 波浪線的繪製方式

繪製波浪線時容易出現的問題主要有兩個，一個是線條抖動感強且不夠平滑，另一個是線條轉折的弧度較小，在線條收尾時筆尖點在畫布上容易變成直線。因此用分段的弧線來表現波浪線會更容易操作。

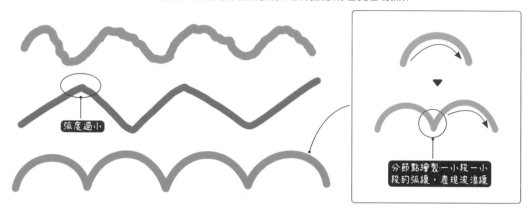

弧度過小

分節點繪製一小段一小段的弧線，表現波浪線

流線的輔助

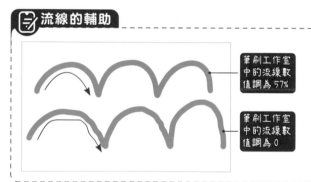

筆刷工作室中的流線數值調為 57%

筆刷工作室中的流線數值調為 0

在徒手畫波浪線的時候，流線的數值大小對波浪線的圓潤程度影響較大：當流線數值為 0 時，線條會最大程度保留手繪感，此時線條筆觸感明顯；反之數值越大，線條越流暢。（關於「流線」的介紹詳見 P50）

● 波浪線的應用

波浪線常常用作物體的裝飾，如山峰紋理或店鋪門簾等，利用其圓滑的弧度增添物體的軟萌度。

紋理

門簾

如何繪製標準圖形 標準圖形是指常用到的橢圓形、圓形和三角形、正方形等多邊形。利用 Procreate 的繪圖功能，可以快速繪製出完美的標準圖形。

● 圓形的繪製方式

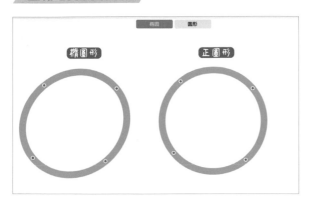

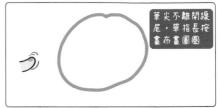

隨手繪製一個圓圈，在線的尾端筆尖按住畫布不動或是單指長按畫布，可得到一個線條平滑的橢圓形。此時可點按「編輯形狀」按鈕調整其形狀。

● 多邊形的繪製方式

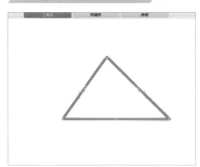

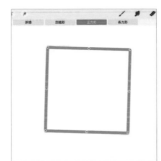

多邊形的繪製方式可統一概括為：先用筆畫出大致的形狀，不用在意輪廓線條是否平直；筆尖按住線尾不移動，此時畫布上方會出現「編輯形狀」按鈕，點按它可根據需要進行相關的調整，以繪製不同的多邊形；編輯錨點也可對多邊形的形狀做修改。

● 標準圖形的應用
在簡筆畫中，為了讓圖形顯得簡潔俐落，減少手繪感，標準圖形的應用非常廣泛。

繪圖參考線的使用　繪圖參考線主要包括 4 個功能：2D 網格、等距、透視和對稱，本書常用的是 2D 網格和對稱這兩個輔助功能。

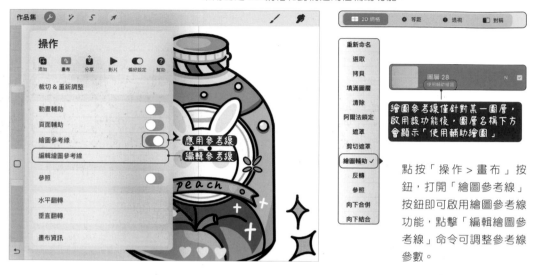

繪圖參考線僅針對某一圖層，啟用該功能後，圖層名稱下方會顯示「使用輔助繪圖」

點按「操作 > 畫布」按鈕，打開「繪圖參考線」按鈕即可啟用繪圖參考線功能，點擊「編輯繪圖參考線」命令可調整參考線參數。

● **2D 網格**　2D 網格常用於平面插畫中，借助它可以完美地畫出水平線和垂直線，非常適合在繪製建築輪廓時使用。

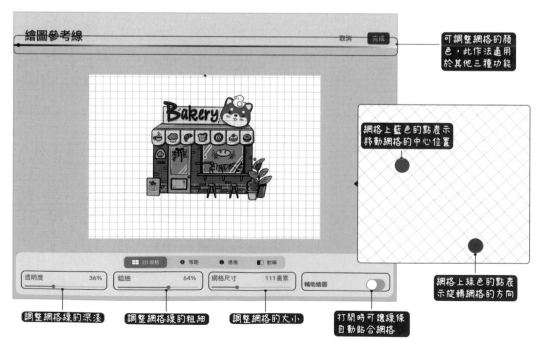

可調整網格的顏色，此作法適用於其他三種功能

網格上藍色的點表示移動網格的中心位置

網格上綠色的點表示旋轉網格的方向

調整網格線的深淺

調整網格線的粗細

調整網格的大小

打開時可讓線條自動貼合網格

透過介面下方的 3 個數值條，可對 2D 網格的透明度、粗細度和網格尺寸進行調整，讓網格更加靈活多變，也更適合畫面的佈局。其他 3 種功能的繪圖參考線介面中這些參數設定是相同的，後面不再介紹。

● 立體畫面參考線

2D 網格參考線適用於平面插畫，等距參考線和透視參考線則適用於有一定透視的插畫創作，它們可以讓我們的作品不出現透視錯誤。

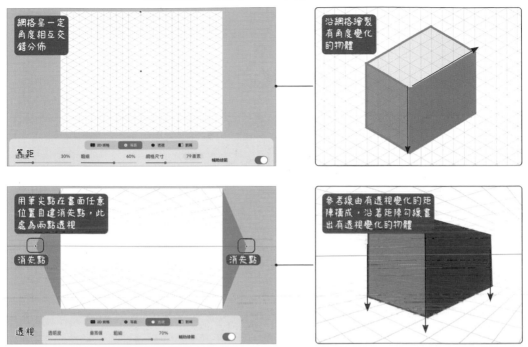

等距參考線和透視參考線都能幫助打造畫面立體的效果。相較而言，在等距參考線的幫助下可以繪製有一定透視變化的物體，透視參考線則非常適合繪製透視複雜的寫實畫面，其中透視關係有一點、兩點和三點透視 3 種，創作時可根據實際需要選擇。

● 對稱參考線

利用對稱參考線可以畫出對稱的線條，常用於繪製輪廓對稱的物體，也可用於表現紋樣。

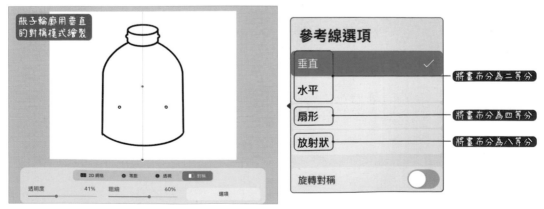

在對稱輔助狀態下，在任意一側畫出線條，另一側會自動繪製好與其相對稱的線條。此作法可加強輪廓的對稱感，同時也降低了繪製的難度。

運用繪圖參考線繪製物體

對稱圖案 — 仙人掌

01 在畫布上用「薄荷」筆刷繪製出仙人掌的草圖，此時只需要將仙人掌的大致輪廓勾勒出來即可。

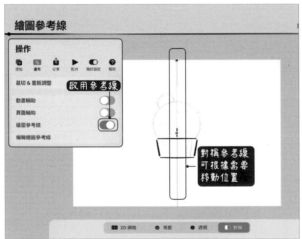

02 點按「操作 > 畫布」按鈕，打開「繪圖參考線」按鈕，點按「編輯繪圖參考線」命令進入參考線調整介面，選擇「對稱」模式中的「垂直」選項，設定好後點按「完成」按鈕回到畫布介面。

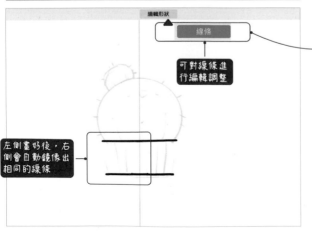

03 在啟用參考線的圖層上勾勒花盆輪廓。在垂直對稱的模式下，畫布被二等分。此時只需要在畫布任意一側勾勒部分輪廓，另一側會自動完成勾邊工作，可以減少一些重複的勾線操作。

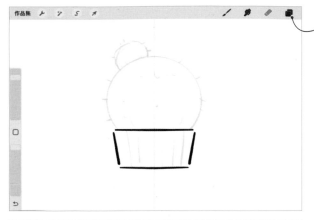

04 繼續在此圖層上畫出花盆兩側的輪廓，四角圓潤一些才能讓物體看起來更可愛。

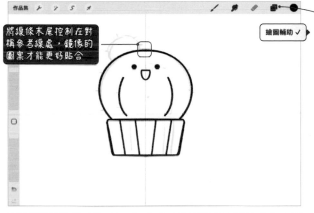

將線條末尾控制在對稱參考線處，鏡像的圖案才能更好貼合

繪圖輔助 ✓

05 在花盆圖層上方新增一層，單指點按該圖層打開圖層選項選單，勾選「繪畫輔助」選項，讓參考線在此圖層也可應用。然後開始勾勒仙人掌，仙人掌線條細節和五官皆可用對稱功能來完成。

當繪製圖案不與中心對稱時，注意關閉「對稱」功能

Finish

06 新增一個普通圖層，加上仙人掌和花盆剩餘的線條細節，仙人掌的線稿就完成了。接著選擇對應的顏色完成上色，上色部分不再需要對稱參考線，因此在這裡不做詳解。

H:8 S:9 B:99　　H:7 S:27 B:99
H:83 S:41 B:85　　H:104 S:33 B:76　　H:206 S:29 B:92

上色基礎

色彩原理介紹 在上色之前，對顏色的相關知識進行一定的了解，有助於我們在創作時能更準確地選擇自己所需要的顏色。

● **色環** 色彩的三原色指紅、綠、藍，三原色相互調和可得到二次色，而色相環（也稱色環）則是由 12 色或更多顏色組合而成的環狀色條。

色相指顏色的傾向，是人們最直觀感受到的色彩，如紅、橙、黃、綠等。

色相環由不同色相組合而成，我們常用它來挑選心儀的顏色。在用軟體繪畫時，色相環有兩種形式，一種是環狀顏色，另一種是經典選色器下的條狀色環。

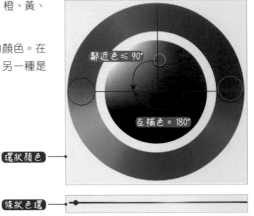

鄰近色 ≤ 90°

互補色 = 180°

環狀顏色

條狀色環

色彩原理的應用

橙色

綠色

紫色

利用原色疊加可以產生間色：在實際創作中，紅＋黃＝橙，黃＋藍＝綠，紅＋藍＝紫；在色彩增值模式下，可靈活地應用此原理，以獲得豐富的色彩。

● **飽和度／明度** 在色相的基礎上，當我們選定一個顏色後，可透過調整其飽和度和明度來改變顏色的鮮豔度和深淺，得到更多樣的新色。

明度高

明度低

飽和度高

飽和度低

❶ 飽和度

飽和度是指顏色的鮮豔程度，飽和度越高，顏色越鮮豔，飽和度越低，色彩越暗沉。反映在顏色上，就是指顏色由下至上飽和度逐漸變高。

❷ 明度

明度是指顏色的深淺，明度越高顏色越淺，明度越低顏色越深。反映在顏色上，就是指從下至上和從右至左明度逐漸變高。

● 色彩的冷暖

色彩的冷暖其實是人對色彩的主觀感知,如紅色、黃色等顏色通常會讓我們感覺很溫暖,而灰色和藍色等顏色會給我們一種寒冷的感覺。

左側使用紅色、黃色和橙色繪製主體,綠葉也挑選的是帶有黃色的綠色,畫面整體給人一種溫暖熱情的感覺。而右側使用藍色和藍綠色繪製,整體給人一種清涼安靜的感覺。在繪前的配色階段可根據想營造的畫面氛圍構想冷暖色調,再挑選對應的顏色上色。

📝 冷暖色同時存在

冷色和暖色是相對的,通常在同一張插畫作品中,二者會同時存在。如右側作品的光源設定在右上角,所以右側亮部的顏色整體偏暖一些,處於暗部區域的顏色整體偏冷一些。但是在暗部中也有偏暖的黃色,如圖所示。

● 色彩的輕重

色彩的輕重主要受到色彩明度變化的影響,一般明度高的顏色看起來輕一些,明度低的顏色看起來重一些。在配色時我們可利用色彩的輕重變化來讓主題更突出。

前景物體可選擇明度較高的顏色繪製

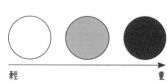

輕 ────────── 重

所有顏色中,白色給人的感覺是最輕的,黑色給人的感覺是最重的。因此左圖窗框中的兔子用白色繪製,背景則選擇明度較低的棕綠色繪製,透過色彩的明度變化讓兔子從背景中突顯出來。

調色盤介紹

調色盤一共有 4 種功能：色圈、經典、調和、參數。下面讓我們一起來認識這 4 種功能的具體使用方法吧！

● 色圈和經典選色器

色圈和經典是比較常用的兩個調色盤，選色時可根據需要選擇其中一個進行使用。

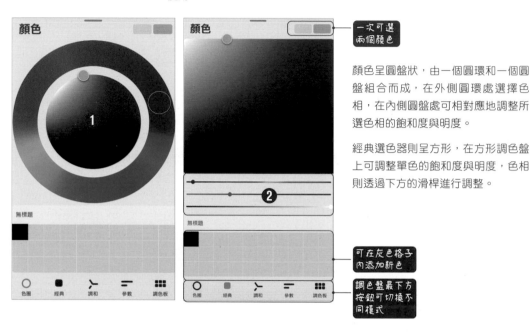

一次可選兩個顏色

顏色呈圓盤狀，由一個圓環和一個圓盤組合而成，在外側圓環處選擇色相，在內側圓盤處可相對應地調整所選色相的飽和度與明度。

經典選色器則呈方形，在方形調色盤上可調整單色的飽和度與明度，色相則透過下方的滑桿進行調整。

可在灰色格子內添加新色

調色盤最下方按鈕可切換不同模式

❶ 放大調色盤

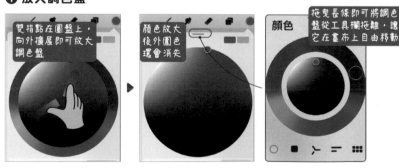

雙指點在圓盤上，向外擴展即可放大調色盤

顏色放大後外圍色環會消失

拖曳長條即可將調色盤從工具欄拖離，讓它在畫布上自由移動

雙指點按內部圓盤，按住不放並向外擴展即可擴大中間的圓盤。調色的圓盤擴大後，只能調整單色的飽和度與明度。雙指向內捏合即可還原。

❷ 經典選色器的滑桿

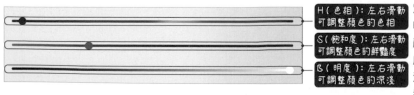

H（色相）：左右滑動可調整顏色的色相

S（飽和度）：左右滑動可調整顏色的鮮豔度

B（明度）：左右滑動可調整顏色的深淺

經典選色器的滑桿可以控制 3 個參數，分別是色相、飽和度與明度。除了可以透過顏色調整單色的飽和度與明度之外，左右滑動滑桿也能調整上述參數。

● **調和**　調和調色盤是 Procreate 內建的調色輔助工具，它基於色彩理論的基礎，按照我們創作時所選的顏色，快速提供互補、類比、三等分、分割互補色和矩形五種配色模式。

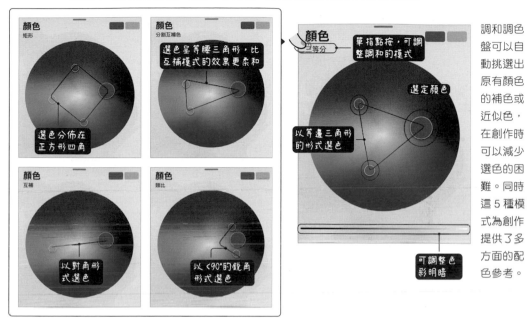

調和調色盤可以自動挑選出原有顏色的補色或近似色，在創作時可以減少選色的困難。同時這 5 種模式為創作提供了多方面的配色參考。

● **值**　可透過左右滑動滑桿調整色彩的色相、飽和度、明度、紅 / 綠 / 藍，還可直接輸入色彩的十六進制代碼得到準確的顏色。

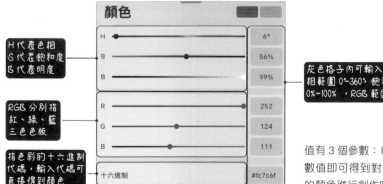

值有 3 個參數：HSB 、RGB 和十六進制，輸入數值即可得到對應的顏色。當想使用他人分享的顏色進行創作時，此方法非常實用。

值的應用

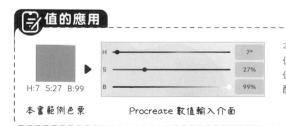

本書範例部分的色彩標註都會提供一個色票和一組數值，大家可以直接在 Procreate 中輸入對應的 HSB 數值，就能得到書中所用顏色。初學時此方法可大大減少配色的煩惱。

配色小訣竅 思考配色的時候可以從色彩原理入手，根據理論調整顏色，才更容易調配出好看的顏色。

● 對比色的使用

對比色是指色環上角度間隔 120°~180° 的兩種顏色。對比色對比強烈，顏色搭配恰當，能為畫面增色。反之，如果使用不當，則會讓畫面變得難看。

左側是用紅綠對比色創作的作品。畫面中紅綠兩色對比強烈，且佔比差不多，容易造成視覺上的不適，讓人分不清畫面主次。

改變紅綠色的色相和深淺

拓寬選色範圍

調整對比色的色相，紅色往偏黃的方向調整，綠色往偏藍和偏黃的方向調整。如左圖中餐布調整為藍色，食物調整為紅橙色，這樣畫面看起來更和諧，而且食物變得更突出了。

● 鄰近色的使用

鄰近色是指色環上角度間隔小於等於 90° 的顏色。鄰近色之間相互搭配，上色後的畫面顏色柔和，讓各物體和諧統一。使用這個配色技巧通常不會出錯。

❶ 色相不宜太接近

❌ 身體和五官使用同類色完成

✅ 將身體顏色改成淺粉色，便色相區分開

繪製單一物體時，因為元素不夠豐富，此時配色就顯得非常重要了。因此要注意單體中幾種顏色的色相，不要選得太接近，如左圖會讓人感覺色彩比較單一，導致細節不耐看。

❷ 按色環順序搭配

利用鄰近色的特點，可將色環中的顏色按照不大於 90° 的角度劃分為數個色系，如相鄰的黃綠色系、藍紫色系、紅黃色系等。在這個範圍內挑選對應的顏色上色，比較容易畫出好看且有漸層效果的畫面，而且基本上不太會有較大的配色錯誤出現。

● 常見的配色方案

上色前先確定一個風格主題，在特定的主題下挑選對應的顏色，就能減少配色錯誤。

❶ 溫暖療癒

溫暖的顏色通常飽和度都不會太高，顏色對比也較弱，視覺上呈現一種柔和療癒的感覺。

❷ 夢幻粉嫩

夢幻色系通常以藍粉色為主色調，視覺上給人一種浪漫美好的感覺。

❸ 傳統復古

復古色系通常以棕色係為主，顏色明度較低，視覺上給人一種沉穩復古的感覺。

❹ 濃郁熱烈

濃郁的顏色通常飽和度較高，常以紫紅色或黃橙色為主，視覺上呈現一種絢爛奪目的感覺。

軟萌的繪製

 幾何形狀概括法 利用幾何圖形概括生活中的物體，能達到讓物體比例變得好看且簡化複雜物體的目的。

● **概括法** 用幾何形狀概括物體的方法稱為概括法，常用的幾何形狀包括橢圓形、方形、三角形和梯形等。先從單體入手，掌握觀察的方法。

先從簡單的實物開始觀察，可看出蛋捲冰淇淋可由上下兩個三角形概括，其中奶油的面積更小，因此上方的三角形會小一些。咖啡杯則由兩個梯形概括，因為杯蓋更短一些，因此上方的梯形面積更小。

❶ 圓形聯想 圓形包括橢圓形，所有形狀比較圓潤的物體都可用圓形概括。

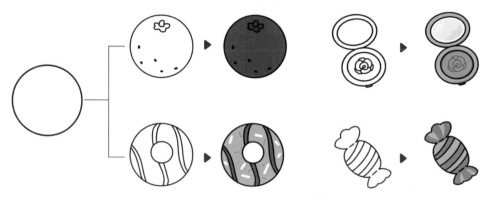

❷ 三角形聯想 為了讓物體看起來更可愛，可將三角形的三個角變得圓滑一些，梯形和方形也適用。

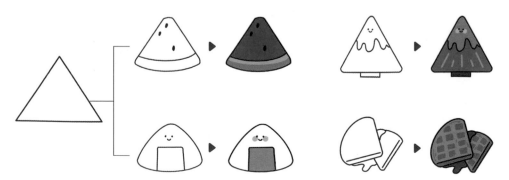

❸ **方形聯想** 方形包括長方形和正方形以及變形的平行四邊形，一般用方形概括物體的整體輪廓。

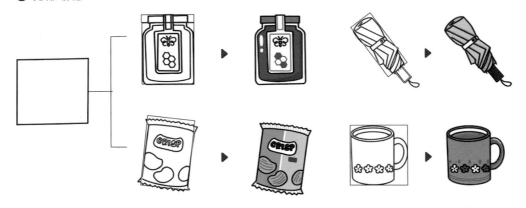

❹ **梯形聯想** 梯形常用於概括一些生活小物或建築物的屋頂，它給人一種穩固安定的感覺。

● **圖形的組合** 生活中的物體往往難以用單個幾何圖形概括，此時將多個幾何圖形組合起來，通常能解決問題。下面讓我們看看具體的應用吧！

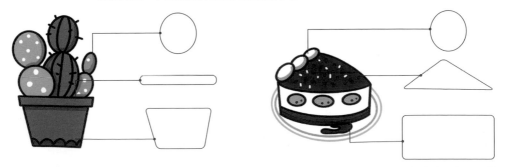

概括複雜物體的時候，可將物體拆分為多個單體，先對單體用幾何形狀概括，再將它們組合在一起。這樣可以將複雜物體概括為多元素的幾何圖形，並在此基礎上調整物體的輪廓並繪製細節，可以降低繪製難度。

● 建築物的概括

建築屬於本書比較難的繪製主題，且涉及的幾何形狀較為多樣。此處以實物照片作為切入點，講解如何將實體建築物繪製為簡筆畫作品。

❶ 分析實體建築物

找到建築物的素材照片後，根據前面所學的幾何概括知識，我們先對畫面進行分段概括，如左圖建築物輪廓可用梯形和方形概括，細節則可用三角形和橢圓形概括等。對實物的分析完成後，我們就可以著手進行繪製了。

❷ 繪製過程

根據前面對建築照片分析的結果，用幾何元素繪製建築物的線稿。當畫面中的元素較多且零碎，繪製時可做一些主觀處理，省去一些細碎的點狀元素。

線稿畫好後，根據前面所學的色彩基礎知識，挑選對應的顏色進行上色。

幾何元素在建築物繪製中的應用

因為建築物本身較複雜且細節多，因此基本上是多種形狀的幾何元素共同存在，繪製時要注意靈活變通。

可愛物體的繪製要點 僅學會幾何形狀概括法對於可愛物體的表現是遠遠不夠的，下面讓我們從 4 個方面來學習如何表現可愛的物體。

● 身體比例的調整

如果按照物體的原比例進行繪製，會大大降低畫面的可愛度。此時可對物體比例以「頭大身小」的原則做主觀處理，讓比例更具漫畫感，並降低寫生難度。

正常比例　　　　　　2：1　　　　　　　　　正常比例　　　　　1：1.5

● 軟萌感的營造

面對一些無法調整比例的單體，我們可以透過改變物體的外輪廓提高其可愛度，方法是去掉稜角，多用弧線。加上動物元素，能夠使物體變得更加軟萌。

❶ 讓輪廓更圓潤

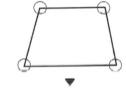

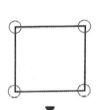

❷ 添加動物元素

添加動物元素的更多應用

除了用動物元素改變輪廓形狀外，還可直接用動物元素置換物體原本結構的一部分，如青蛙元素置換電話撥號盤、鴨子頭置換鳳梨局部等，以增強畫面的軟萌感。

● **擬人化表現**　當單體元素比較簡單的時候，可利用擬人化的表情讓畫面變得更豐富有趣，這也是一種表現創作者當下情緒狀態的方式。

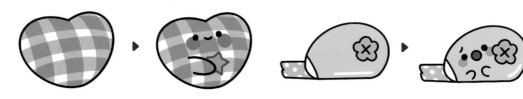

擬人化的更多應用

● **增添畫面可愛度的元素**　在創作時可為畫面主體適當添加裝飾元素，以達到加強畫面情緒和氛圍的目的。

散落的小花增添畫面甜美感

在創作時可為畫面主體適當添加裝飾元素，以達到加強畫面情緒和氛圍的目的。

運用幾何圖形為物體起稿

幾何圖形起稿 — 草莓果醬

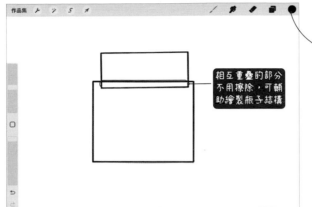

相互重疊的部分不用擦除，可輔助繪製瓶子結構

分兩層繪製長方形，方便下一步複製

01 準備繪製的果醬瓶上窄下寬，因此用兩個長方形表現瓶蓋和瓶身的輪廓，注意瓶蓋的寬度要短於瓶身。

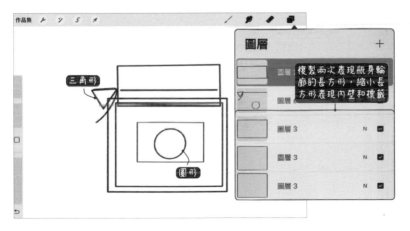

三角形

圓形

複製兩次表現瓶身輪廓的長方形，縮小長方形表現內壁和標籤

02 先複製瓶身長方形圖層兩次，依次縮小長方形框的大小，表現果醬瓶內壁和標籤。再用三角形和弧線表現瓶蓋上的蝴蝶結，用圓形概括標籤上的圖案。

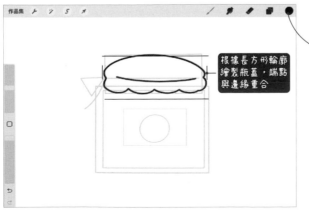

根據長方形輪廓繪製瓶蓋，端點與邊緣重合

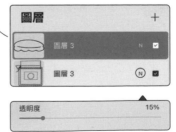

透明度　　　　15%

03 將草圖圖層全部合併後，調低草圖圖層的透明度。再到草圖圖層上方新增線稿層，用弧線勾勒瓶蓋的輪廓。

47

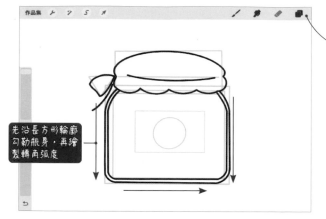

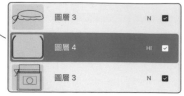

04 在瓶蓋圖層勾勒蝴蝶結，並在下方新增圖層勾勒瓶身。沿著底層的長方形勾勒輪廓，能確保左右兩側線條都保持垂直，且輪廓不易歪扭。

先沿長方形輪廓勾勒瓶身，再繪製轉角弧度

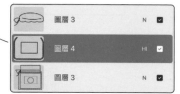

05 沿瓶身外壁的形狀勾勒內壁。起稿時內外壁的間距較大，此時可適當做一點調整，減小間距。同時用長方形表現標籤。

沿外壁形狀勾勒瓶子內壁

用平滑的弧線表現輪廓

Finish

06 在圓形的基礎上勾勒草莓。草莓圖案畫得圓潤一些，能增添畫面的可愛感。最後添加上小表情，增強畫面的可看性。

● H:8 S:9 B:99　● H:344 S:33 B:99　● H:346 S:47 B:99　● H:346 S:62 B:99

● H:190 S:20 B:88　● H:33 S:19 B:96　● H:33 S:56 B:96　● H:83 S:41 B:83

各種不同的上色方式

 不同筆刷的效果對比

● 草圖 / 線稿筆刷

通常情況下，我們多使用「6B 鉛筆」或「薄荷」筆刷繪製草圖。勾線時，為了配合不同的上色方式，會用到不同的筆刷。本書範例均使用工作室筆繪製線稿，在創作水彩風格的插圖時則更推薦使用「滲墨」筆刷繪製線稿。

比較接近手繪鉛筆的質感，適合起稿時使用

繪製的線條平滑，適合勾勒簡筆畫輪廓

線條邊緣參差不平，比較像色鉛筆

● 上色筆刷

根據不同的創作風格，我們會使用不同的筆刷進行上色。本書範例上色簡單，以單色平塗為主，因此均使用與線稿一致的「畫室畫筆」完成。而為水彩風格的線稿上色時，則會切換成有透明效果的「火絨盒筆刷」。

「畫室畫筆」上色平整，無深淺變化

調整參數後的「火絨盒筆刷」能表現出水彩的清透感

「乾式墨粉筆刷」平塗時會有清晰的顆粒感

「手跡筆刷」可呈現平整的塗色效果

簡筆畫筆刷講解

● 畫室畫筆參數調整

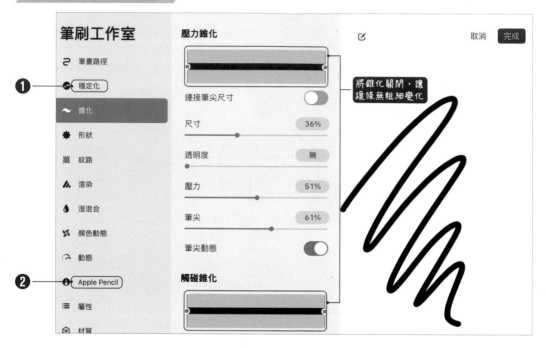

① 穩定化

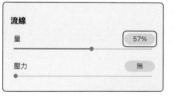

將流線的量調為 57%，讓線條變得更順滑。

② Apple Pencil

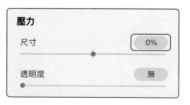

將筆刷的壓力尺寸調為 0%，關閉筆刷的壓力感應。

繪前先點按「筆刷 > 著墨」按鈕，選擇「畫室畫筆」以進入其筆刷工作室。調整筆刷參數，將原本有粗細和深淺變化的筆刷調整為線條無變化的筆刷。 P51 範例的線稿和上色均使用調整後的「畫室畫筆」完成。

筆刷調整前後對比

調整參數之前的「畫室畫筆」畫出來的線條是有粗細變化的。對於簡筆畫而言，線條變化少一些，看起來會更簡潔舒適。

● 兔子冰淇淋

Step 1 草圖繪製

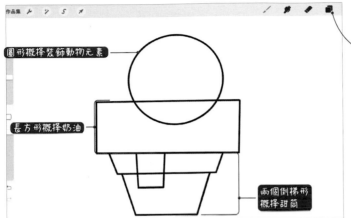

圓形概括裝飾動物元素

長方形概括奶油

兩個倒梯形概括甜筒

● H:0 S:0 B:0

01 開始繪製草圖，起稿前先用幾何圖形概括出物體的結構，這一步是為了輔助確定物體的比例關係。

添加動物元素讓圖案看起來更可愛

沿長方形邊緣繪製奶油

透明度　　　　20%

02 進一步細畫出各部分的大致輪廓。在草圖階段線條和比例都可以粗糙一點，只要將想表現的物體放置在大致位置即可。

Step 2 線稿繪製

尺寸 26%

範例線稿的線條統一粗細為 26%

奶油圖層在兔子圖層下方

03 從兔子開始勾勒線稿，用弧線表現其輪廓的圓潤感，再用波浪線表現奶油的柔軟質地，注意波浪線的弧度要有大小變化才更真實。

奶油上的顆粒
在上色時表現

04 在奶油圖層下方新增圖層，用直線勾勒甜筒的輪廓，並用交叉的短線條呈現甜筒上的紋理。然後用大小不一的梯形繪製一些裝飾元素，表現冰淇淋美味的感覺。

Step 3 上色

將甜筒輪廓勾勒出來，避開奶油部分

● H:39 S:35 B:100

05 新增上色圖層，為甜筒上色。上色時可以先跟著輪廓描一個封閉的圖形，再拖曳色票將顏色填滿。

直接拖曳色票，填入顏色

🔘 H:0 S:7 B:100　🔘 H:0 S:14 B:100

06 在甜筒顏色圖層上方新增一層，並將兩個圖層合為一個圖層群組，命名為上色圖層群組。再用淺粉色為兔子的五官上色，腮紅的顏色要深一些。

🔘 H:344 S:33 B:100

07 繼續在甜筒顏色圖層上方新增圖層，利用與甜筒相同的填色方式為奶油上色。粉色奶油的輪廓也用波浪線勾勒，以更好表現奶油的軟綿感。

🔘 H:200 S:42 B:100

08 在粉色層下方新增圖層塗上剩餘的藍色奶油。粉色圖層在上，可以不用擔心藍色影響粉色色塊邊緣，此時只需要用藍色將奶油的空白部分填滿。

● H:39 S:35 B:100　● H:31 S:57 B:96

09 底色鋪好後，開始刻畫細節，加強物體的質感。依舊是從甜筒開始刻畫，因此將圖層建在甜筒底色上方。挑選比底色深一些的近似色繪製暗部，並用一些短線筆觸表現粗糙感。

短線筆觸表現粗糙感

● H:211 S:70 B:100
● H:343 S:52 B:100　○ H:294 S:12 B:96

10 分別用紅藍兩色勾勒奶油紅色和藍色色塊邊緣，區分奶油的層次，注意勾勒時要沿著奶油輪廓邊緣進行。再勾勒出兔子的暗部，讓它變得更立體。

沿底色色塊邊緣勾勒

Step 4 細節添加

● H:56 S:58 B:100　● H:86 S:41 B:65
● H:343 S:52 B:100　○ H:2 S:0 B:100

11 將筆刷大小調至 50%，用粉、黃、綠、白 4 種顏色繪製奶油上的裝飾顆粒。同時用白色畫出奶油的亮部，讓冰淇淋看起來更可口。

亮部沿奶油輪廓繪製

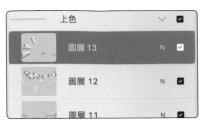

⬤ H:0 S:42 B:100　⬤ H:39 S:35 B:100
◯ H:2 S:0 B:100

12 繼續調整細節。為兔子腮紅添上一些短線筆觸,並畫出裝飾元素的明暗區域,讓它們不是扁平的圖案。

◯ H:2 S:0 B:100　◯ H:47 S:25 B:100
⬤ H:344 S:33 B:100

13 啟用阿爾法鎖定,將兔子和甜筒圖層鎖定。選擇對應的顏色改變黑色線條的顏色,讓線條和畫面更融合。最後用白色的細線表現甜筒紋理上的亮部,完成繪製。

Finish

水彩風格筆刷講解

● 水彩筆刷參數調整

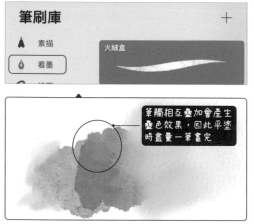

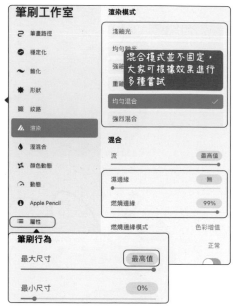

繪製前需根據水彩的特性調整筆刷效果，這裡選擇的是內建的「火絨盒筆刷」。按圖示調整參數，讓筆刷邊緣變得更清晰且筆觸更通透，更接近水彩平塗效果。

● 草莓蛋糕

Step 1 草圖繪製

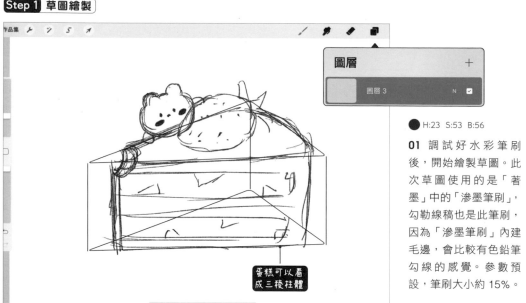

● H:23　S:53　B:56

01 調試好水彩筆刷後，開始繪製草圖。此次草圖使用的是「著墨」中的「滲墨筆刷」，勾勒線稿也是此筆刷，因為「滲墨筆刷」內建毛邊，會比較有色鉛筆勾線的感覺。參數預設，筆刷大小約 15%。

Step 2 線稿繪製

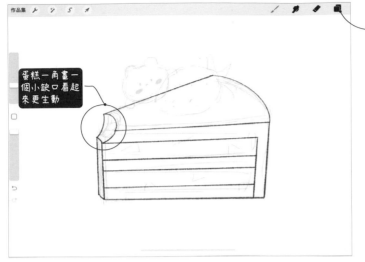

02 在草圖基礎上新增圖層，開始勾勒線稿。因為草圖線條比較凌亂，所以勾線時要進行適當的調整，讓物體看起來更美觀。

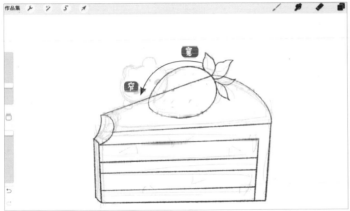

為了方便後續擦除交疊的線，分圖層繪製各物體

小三角代表草莓顆粒

03 先勾勒蛋糕上的草莓，再完成趴著的小熊和細節裝飾的繪製。整體繪製好後，用「橡皮擦」去掉交疊的線條。

插入的圖像　　　Ⓜ ☑

線稿　　　　　　N ☑

● H:22 S:49 B:92

04 根據之前講解過的疊加方法，將水彩紙紋置入到檔案中。選擇比線稿顏色淺一些的紅棕色，淡化線條顏色。

Step 3 上色

為了保持筆觸感，盡量不要使用直接填色的方式塗色

邊緣可用塗抹工具做柔邊處理

水彩筆刷通透感強，盡量分層繪製

圖層 8　☑
圖層 7　☑
圖層 6　N ☑

● H:49 S:11 B:99

● H:339 S:12 B:99　　● H:339 S:24 B:96

05 選擇「火絨盒筆刷」開始上色，上色時要注意盡量一筆塗完。因為如果中間斷開，色塊之間會自動形成疊色效果。

利用塗抹工具繪製漸層

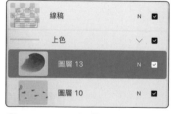

線稿　　　　　　N ☑

上色　　　　　　∨ ☑

圖層 13　　　　 N ☑

圖層 10　　　　 N ☑

● H:1 S:49 B:92　　　● H:40 S:23 B:99

● H:31 S:23 B:99　　● H:75 S:20 B:92

● H:73 S:46 B:64

06 繼續為蛋糕上色，草莓使用塗抹的方式鋪上漸層的底色，並在靠近蛋糕的一側塗一點黃色以豐富顏色。

● H:40 S:23 B:99　● H:49 S:11 B:99

07 挑選深一些的顏色繪製草莓暗部和蛋糕上的細節，讓紋理豐富起來，注意依舊是分圖層繪製。

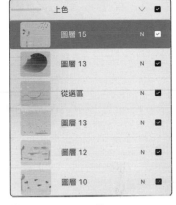

○ H:2 S:0 B:100　● H:49 S:11 B:99
● H:23 S:40 B:98　● H:0 S:58 B:78

08 用淺粉色塗畫小熊面部，再用不同顏色疊塗表現物體投影，區分開各物體層次，並為草莓點塗上草莓籽，完成繪製。

乾式墨粉風格筆刷講解

● 乾式墨粉筆刷的使用要點

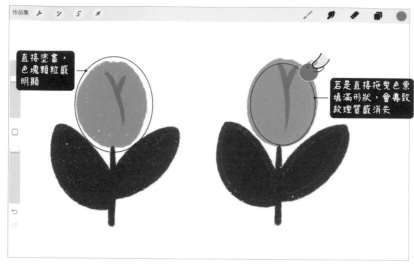

> 直接塗畫，色塊顆粒感明顯

> 若是直接拖曳色票填滿形狀，會導致紋理質感消失

乾式墨粉筆刷平塗時會自動留下一些白色顆粒。若想保留筆刷這種特有的質感，上色時需要將色塊塗滿，而不是以拖曳色票的方式填塗。可根據需求選擇上色方式。

● 貓咪購物車

Step 1 草圖繪製

> 筆刷大小調至 56%，粗細適宜

尺寸 56%

筆刷庫 ＋

筆刷
素描
著墨
繪圖

6B 鉛筆

納林德鉛筆

> 不用修改其參數，直接使用即可

● H:0 S:0 B:0

01 點按「筆刷 > 素描」按鈕，選擇「6B 鉛筆筆刷」，繪製草圖。

Step 2 上色

◯ H:35 S:7 B:100

02 選取一個淺色從貓咪開始上色。因為乾式墨粉筆刷是屬於顆粒質感的筆刷，所以填塗時會自動留下一些白點。

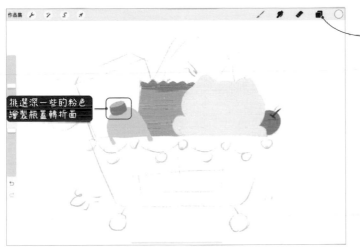

● H:336 S:15 B:100　● H:23 S:53 B:56
● H:24 S:28 B:100　● H:0 S:42 B:100
● H:333 S:45 B:100　● H:61 S:35 B:88

03 在貓咪圖層的下方新增圖層，塗畫後方的零食底色。因為相連的物體處於同一圖層上，所以上色時必須要注意物體輪廓的邊緣。

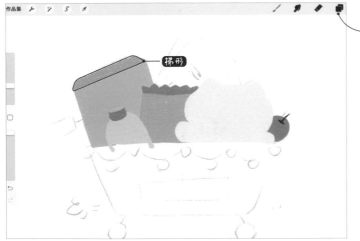

● H:294 S:13 B:89
● H:209 S:14 B:76

04 挑選紫色和灰色繪製後方的餅乾盒子，轉折面呈梯形。上色時有一個小訣竅就是越靠後方的物體，圖層順序越靠下面，這樣才不會破壞已畫好的物體輪廓。

輪子在一條
水平線上

	圖層 3	N	☑
	圖層 2	N	☑
	圖層 4	N	☑
	圖層 5	N	☑

● H:209 S:14 B:76　● H:24 S:28 B:100
● H:205 S:10 B:99

05 選擇比籃框更深的顏色繪製手柄和輪子，注意輪子盡量保持在一條水平線上。

箭頭表示圖
層遮罩打開

	圖層 12	N	☑
	圖層 14	N	☑
	圖層 2	N	☑

● H:37 S:18 B:99　● H:7 S:27 B:99
● H:0 S:42 B:100　● H:0 S:0 B:0

06 在貓咪圖層上方新增兩個「圖層遮罩」，仔細描繪貓咪的五官和暗部，讓貓咪更完整。

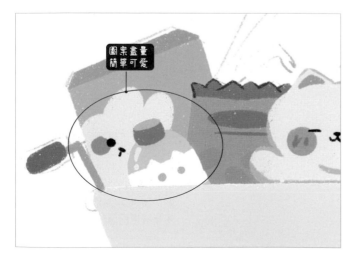

圖案盡量
簡單可愛

	圖層 9	N	☑
	圖層 4	N	☑
	圖層 15	N	☑
	圖層 5	N	☑

● H:35 S:7 B:100　● H:0 S:42 B:100
● H:0 S:0 B:0

07 在左側物體圖層上方新增「圖層遮罩」，挑選對應的顏色繪製物體細節。繼續新增「圖層遮罩」，繪製零食包裝上的元素。

沿物體輪廓
勾勒陰影

	圖層 9	N	☑
	圖層 4	N	☑
	圖層 20	N	☑
	圖層 17	M	☑
	圖層 16	N	☑
	圖層 15	N	☑

● H:23 S:53 B:56　● H:334 S:57 B:93
● H:23 S:65 B:93　● H:336 S:15 B:100

08 繼續為零食包裝添加文字和圖案細節。繪製這種小物的要點是元素盡量不要重複。

	圖層 6	N	☑
	圖層 7	N	☑
	圖層 3	N	☑

● H:23 S:65 B:93　● H:210 S:8 B:92

09 開始刻畫購物車。同樣在底色圖層上方新增兩個「圖層遮罩」，用交叉的線條表示籃框上的紋理，並畫出輪子和把手的暗部。

圖層模式調為「變暗」，讓暗部顏色更貼合畫面

色彩增值　✕
變暗　　　🌙

	圖層 6	N	☑
	圖層 8	Da	☑
	圖層 7	N	☑

● H:209 S:14 B:76　● H:219 S:34 B:65

10 在細節圖層中間新增一個「圖層遮罩」，繪製直向紋理的暗部。再挑選深灰色完成畫面中條紋的暗部。

短筆觸表現毛絨感

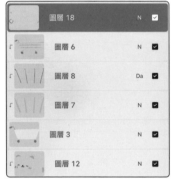

| 圖層 2 | N | ☑ |
| 圖層 19 | N | ☑ |

● H:294 S:13 B:89   ● H:0 S:42 B:100
● H:336 S:15 B:100   ● H:37 S:18 B:99
● H:334 S:57 B:93

11 繼續修飾畫面，讓畫面元素和明暗變得更豐富和統一。

圖層 18	N	☑
圖層 6	N	☑
圖層 8	Da	☑
圖層 7	N	☑
圖層 3	N	☑
圖層 12	N	☑

● H:219 S:34 B:65

12 用深藍色勾勒出表現動態的裝飾元素，完成繪製。

Finish

速塗風格筆刷講解

● 速塗和乾式墨粉風格的不同

上色：書法 > 手跡筆刷

上色：乾式墨粉筆刷

速塗和乾式墨粉均是不勾勒線稿、直接塗畫色塊的上色方式。兩者主要的不同在於：

1. 筆刷的質感上，乾式墨粉風格筆刷質感強烈，塗畫時會在畫布上自然留白，而速塗風格中的手跡筆刷，筆觸是實心的且無質感。

2. 精緻度上，速塗更偏向於快速表現，因此風格更粗略一些。

● 路邊小屋

Step 1 草圖繪製

● H:0 S:0 B:0

01 點按「筆刷 > 素描」按鈕，選擇「6B鉛筆筆刷」，筆刷大小調至適中，開始繪製草圖。速塗是用色塊直接上色，因此草圖只需要畫出大概的物體佈局即可。

65

用明確的塊狀筆觸表現山峰紋理

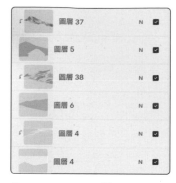

H:207 S:24 B:99　　H:190 S:22 B:71

H:190 S:12 B:75

02 天空用偏藍灰稍淺的顏色繪製。遠中近山峰各自使用不同的顏色繪製，並用比底色更深或更淺的顏色疊塗紋理。

H:170 S:25 B:46　　H:61 S:35 B:88

H:23 S:43 B:95　　H:24 S:37 B:80

H:59 S:28 B:99　　H:345 S:33 B:99

H:294 S:27 B:84　　H:35 S:7 B:100

03 繪製靠前的樹叢和小屋。樹叢用矮小的短筆觸表現，並用不同顏色的色塊將層次區分開。小屋是畫面主體，因此挑選比中遠景更鮮亮的顏色繪製。

使用淺黃、淺粉和深紅的色塊區分明暗

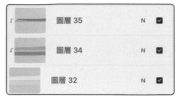

H:340 S:6 B:75　　H:35 S:12 B:61

H:34 S:21 B:77

04 使用偏灰的紫灰色和棕色繪製地面，透過暗沉的顏色將中間鮮亮的小屋突顯出來。

H:338 S:6 B:73　　H:21 S:24 B:45

H:34 S:21 B:77

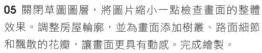

05 關閉草圖圖層，將圖片縮小一點檢查畫面的整體效果。調整房屋輪廓，並為畫面添加樹叢、路面細節和飄散的花瓣，讓畫面更具有動感。完成繪製。

Finish

筆刷製作方式 Procreate 內建的筆刷可在筆刷工作室中調整參數，同時還能自製筆刷。一起來探索筆刷的多種變化吧！

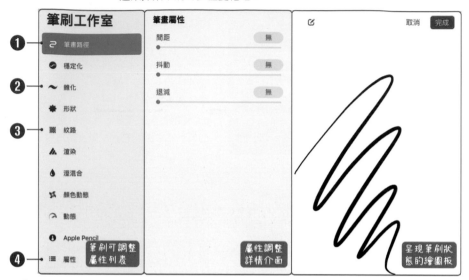

點按筆刷名稱可以進入筆刷工作室介面，這裡一共有 11 個參數，可根據需要調整對應的數值。下面所列的 4 種參數是在簡筆畫創作中最常用的，了解它們的概念和調整方法有助於我們調出自己想要的筆刷。

❶ 筆畫路徑

筆觸是由無數個觸點連接而成的，筆畫屬性可改變線條的樣子。如：調整「間距」參數改變觸點之間的距離；「抖動」參數的數值越大，線條越平滑。

❷ 錐化

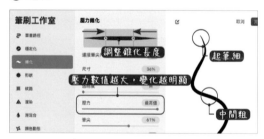

錐化用於調整筆刷筆觸的粗細，讓筆觸起始處和結尾處呈現出明顯的變化。其中壓力錐化主要用於調整 Pencil 筆刷的屬性，讓線條有一個漸細的變化。

❸ 紋路

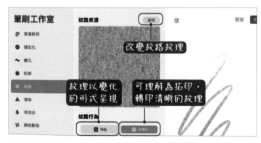

紋路屬性可以用來製作各種紋理筆刷，而且紋理還可自行添加，讓我們的畫面呈現更多可能。

❹ 屬性

此屬性中最常用的是「筆刷行為」下的「最大 / 最小尺寸」，可調整筆刷大小。

● 試試改變筆刷效果

在了解了筆刷工作室介面和常用屬性參數後，可以嘗試在已有筆刷的基礎上，調整部分參數來改變其形態，讓它們變成我們想要的效果。

筆刷調整前的繪製效果　　筆刷調整後的繪製效果

為了畫出筆觸痕跡明顯的作品，可試著調整抖動、錐化和壓力這 3 項參數，讓原本平滑的筆刷變成輪廓不規則且沒有粗細變化的筆刷。這樣可以表現樸拙的畫面效果。

● 自製筆刷

為了讓創作更便捷，我們可以自製筆刷。自製筆刷大體上可以分為兩種，一種是調整已有筆刷的紋路，另一種是用繪製的紋路製作筆刷。

❶ 調整已有筆刷的紋路

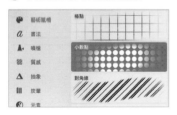

01 點按「筆刷 > 質感」按鈕，選擇「小數點筆刷」。

02 向左滑複製該筆刷。

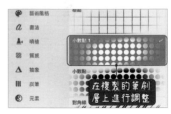

03 點按複製出的「小數點 1 筆刷」進入其筆刷工作室。

04 選擇「紋路」屬性，點按右上角的「編輯」按鈕進入紋路調整介面。

05 點按「匯入」按鈕，透過來源照片庫或匯入檔案 / 照片更改紋路樣式，選好紋路後點按「完成」按鈕即可。

調整前為波點紋路　調整後為條紋紋路

❷ 用繪製的紋路製作筆刷

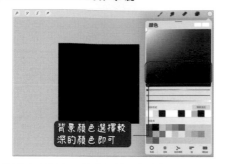

01 調整背景顏色，此處選擇黑色或較深的顏色。

02 在黑色背景上用「畫室畫筆」繪製一個對稱的白色葉片圖案，接著叫出「拷貝＆貼上」選單來複製圖案。

03 點按筆刷庫右上角的「＋」按鈕，進入筆刷工作室介面。

04 選擇形狀屬性，再點按「編輯」按鈕進入形狀編輯器，更改形狀紋路。這裡的操作與前面紋路屬性的修改一致。

05 點按「匯入 > 貼上」按鈕，將剛才繪製好的葉片圖案複製過來，形狀就添加成功了。接下來根據需要調整筆刷參數即可。

利用上述方法我們可以製作多種簡單圖形筆刷，在創作時可直接使用，讓我們的創作更加便捷。左圖展示了幾種自製的簡單圖形筆刷，更多自製筆刷的用法讓我們一起來探索吧！

自製筆刷展示

簡單物體如何構圖才好看

 常見的構圖形式 合理的構圖能讓畫面看起來和諧美觀、主體突出,是創作出好看插圖必不可少的元素。簡筆畫常見的構圖形式有以下幾種。

● 三角形構圖

三角形構圖具有穩定和均衡的特點,在本書中常用於單體的繪製。

● 圓形構圖

蛋糕和貓咪以圓形分佈,視覺中心更集中

以圓形或橢圓形為基準的構圖形式,能起到突出視覺中心的作用。

● S 形構圖

麵包和貓咪分佈在S線上

S 形構圖讓畫面具有流動感,常用於物體動態或河流等的表現。

● 垂直構圖

垂直線為骨架

以垂直線為畫面的骨架,垂直線的位置引導物體形態,本書中常常在繪製建築物時使用此構圖形式。

複雜場景常用構圖

以遊戲機的外形為框架,將畫面的中心集中於遊戲機內部

框式構圖:
利用門窗、樹葉或物體輪廓等作為框架,在框架內繪製物體。這樣能夠把畫面中心集中於框內的物體,並且很好地表現畫面的空間感和立體感。

構圖的繪製要點 創作時一定要先確定畫面中要表現的主次物體是哪些，主體表達清晰是良好構圖的要素之一。

● 調整主體物大小

主體元素面積佔比最大

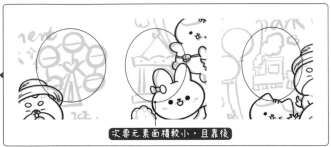

次要元素面積較小，且靠後

突出主體是為了讓觀者在畫面的眾多元素中一眼就能看出作品想表達的內容，因此主體元素在畫面中的面積佔比通常是最大的。

簡筆畫中的主體

簡筆畫的畫面不會太複雜，多以單個元素為主，因此畫面的主體就是元素本身。繪製前需要確定想表現的側重點，如表情、動態等。

主體為拿著花的小鳥

主體為微笑女孩的臉

● 利用色彩區分層次

除了合理安排主次元素的大小比例之外，還可透過主次元素顏色的飽和度與明暗對比，讓主體元素變得更突出。

主次元素飽和度與明度過於接近，無法區分重點

主要元素

次要元素

主要元素飽和度與明度高，次要元素則偏暗，因此主體突出

主要元素

次要元素

如何分配物體比例 簡筆畫中物體的比例會影響最終畫面呈現的軟萌感。下面從怎麼選取繪製角度入手，學習如何找到最合適的比例。

● 角度選取

簡筆畫脫離了寫實的體系，因此要找到一個最合適的角度將物體特徵表現出來，以盡可能地確保作品具有辨識度。

❶ 不同角度觀察物體

從頂部只能看到茶壺由多個圖形組成 ✗

從正面只能看到壺形，壺嘴特徵不明顯 ✗

從背面只能看到壺形和方形把手，看不到壺嘴 ✗

從側面看茶壺的外觀明確，壺嘴特徵清晰 ✓

選擇適宜角度

若選擇正側面繪製，容易看不出表現的是什麼物體。因此選擇正面角度或略帶一點透視的角度繪製更合適。

❷ 多角度表現物體

一些物體以單一角度畫出來特徵並不明顯，此時可將它在正側面和頂部兩個視角下的外觀結合起來，繪製帶有一定角度變化的新圖案。

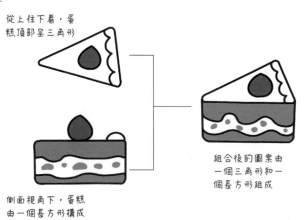

從上往下看，蛋糕頂部呈三角形

組合後的圖案由一個三角形和一個長方形組成

側面視角下，蛋糕由一個長方形構成

❸ 特殊角度的選取　選擇一些特殊角度進行創作，會讓畫面更生動可愛。

繪製側躺的小狗，露
出小肚皮更顯呆萌

表現圓潤的柯基屁股，
比從正面描繪更有趣

畫打翻的冰淇淋，有
戲劇性的畫面更生動

● 組合物體比例的安排

在繪製組合物體時，首先要明確畫面的主體是什麼，然後根據具體情
況對其進行適當誇大，以突出實體。

❶ 放大主體

建築大貓咪小，
畫面比較平淡

建築小貓咪大，
更有趣味性

❷ 適當誇大比例

放大貓咪

動物太小，看
不出具體種類

物體大小均等，
畫面缺少主次

正常比例

放大動物，讓它
的特徵更明顯

物體大小明顯不同，
主次對比突出

縮小貓咪

簡單物體的構圖表現

三角形構圖 — 可愛的灑水壺

三角形構圖讓畫面看起來更穩定

● H:0 S:0 B:0

01 這幅作品採用三角形構圖，突出灑水壺主體，同時讓畫面不失穩定和諧感。繪製草圖時，大致勾勒出輪廓即可。

壺嘴有一定的透視角度

勾線時適當調整水壺輪廓

02 將草圖圖層的透明度調為 30%，然後開始勾勒線稿。注意壺嘴有一些透視角度。

花的整體高度比水壺小一些

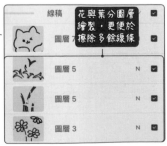

花與葉分圖層繪製，更便於擦除多餘線條

03 用弧線勾勒花，更能表現花的柔軟感。注意花整體的高度比水壺稍小一點。

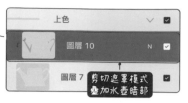

⚪ H:211 S:12 B:96　⚫ H:212 S:30 B:91

04 勾勒好線稿後,從水壺開始上色,並選擇比底色深一些的顏色疊加水壺暗部。

⚪ H:4 S:6 B:99　　⚫ H:337 S:21 B:91
⚫ H:346 S:51 B:92　⚫ H:25 S:41 B:94
⚫ H:76 S:34 B:89　　⚫ H:113 S:30 B:57
⚪ H:47 S:23 B:99

05 選擇紅綠黃為花上色,再用比底色略深的顏色疊塗表現花的暗部,完善細節。

⚫ H:191 S:29 B:82
⚫ H:76 S:34 B:89

06 完善水壺上的紋理圖案,選擇花朵紋理以貼合主題。再用深藍色疊塗表現水壺暗面,用白色勾勒亮部,區分畫面的明暗區域。完成繪製。

Lesson 2

記錄日常的小圖畫

Lesson 2
裝點生活的植物

靜候生長 慵懶的午後，小貓趴在植物上，安靜地睡覺。

Step 1 草圖繪製

● H:0 S:0 B:0

01 繪製綠植草圖的時候，注意畫面比例分配，綠植面積佔比較大，花盆面積佔比較小。同時為了讓畫面變得更有趣，增添了小動物的元素。

Step 2 線稿繪製

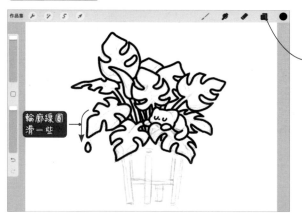

輪廓線圓滑一些

02 將草圖圖層的透明度調低，並在草圖圖層上方新增 3 個圖層，從綠植的葉片開始勾勒線稿。靠後的葉片被遮擋著，只需要勾勒出輪廓即可。

花盆架側面窄一些

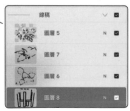

03 在葉片圖層下方新增圖層，勾勒花盆線稿。注意花盆架有一些透視變化。

Step 3 上色

靠後的葉片顏色偏冷一些,以表現空間感

04 挑選對應的綠色和黃色為畫面上色,綠植前後的顏色是有變化的。再用點塗的方式繪製小貓,讓畫面看起來更透氣。

● H:92 S:58 B:42 ● H:0 S:0 B:64
● H:29 S:70 B:91 ● H:151 S:31 B:57
● H:169 S:45 B:68 ● H:52 S:35 B:94

暗部陰影與物體輪廓統一較

阿爾法鎖定線稿顏色

05 底色鋪畫好後,開始刻畫花盆細節。啟用阿爾法鎖定以調整黑色線條的顏色,讓靠後的葉片與靠前的葉片區分開來。

● H:57 S:63 B:90
● H:78 S:56 B:90
● H:45 S:45 B:91
● H:29 S:80 B:83

Finish

○ H:2 S:0 B:100
● H:182 S:39 B:89
● H:78 S:56 B:90

06 用點、線狀元素為畫面添加一些閃亮的元素,讓畫面的細節層次更豐富好看。完成繪製。

最愛綠意 綠意盎然的盆栽植物，展現著勃勃生機。

桌面盆栽

   亮部呈弧度分佈

仙人掌

  僅勾勒出輪廓即可

多肉

銅錢草

北歐綠植

   添加短線紋理

花開正好 花已盛開，買一束送給喜歡的人吧！

Step 1 草圖繪製

主體的兩朵花是最突出的

● H:0 S:0 B:0

01 繪製花束草圖的時候，要將花朵的形態和層疊關係初步表現出來，方便後期勾線。同時注意花朵大小的變化。

Step 2 線稿繪製

02 從輪廓開始勾線。花束外輪廓的筆刷大小為 26%，小葉片的葉桿線條要纖細一些，可適當調小筆刷勾勒。

內部花瓣輪廓圓滑一些，更能表現花瓣的柔軟感

03 新增圖層勾勒花朵細節，花朵內部的花瓣線條要細一些，筆刷大小可調為 20% 來繪製。

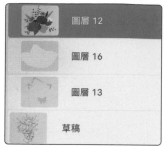

04 為花束的各部分鋪畫好底色。注意花朵是畫面的中心，在配色時要突顯它們。

● H:8 S:32 B:98 　 ● H:5 S:62 B:100

● H:22 S:58 B:100 　 ○ H:38 S:10 B:97

● H:40 S:61 B:98 　 ● H:130 S:50 B:78

花瓣層疊較多，都是黑線的話會影響觀感，因此將花心部分調為彩色。

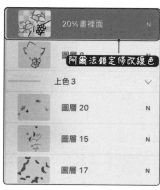

05 刻畫細節，用比底色深一些的顏色繪製暗部和花瓣輪廓。

● H:29 S:41 B:96

● H:0 S:71 B:95

● H:102 S:59 B:65

● H:45 S:60 B:98

上色4

○ H:2 S:0 B:100

● H:5 S:48 B:100

● H:24 S:38 B:100

● H:96 S:35 B:95

Finish

06 用比花朵淺一些的顏色豐富花瓣層次，並用白色點塗一些裝飾元素，讓畫面變得更閃亮。完成繪製。

四季花開 用筆刷記錄下花朵綻放的瞬間吧！

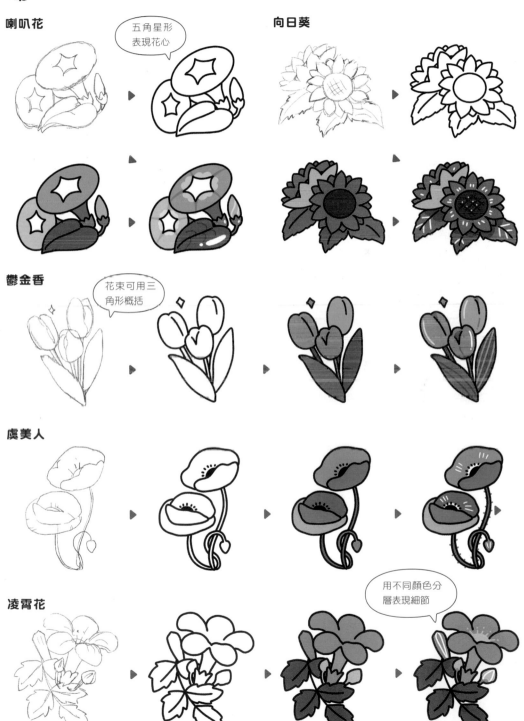

配色解析

綠色系的變化：

● H:90 S:45 B:53 　● H:95 S:45 B:60 　● H:65 S:41 B:70

● H:67 S:39 B:83 　● H:151 S:24 B:64 　● H:145 S:32 B:74

畫面中的綠色使用較多，一定要注意改變色相，讓綠色的變化更豐富一些。比如有偏暖的黃綠色，也有偏冷的藍綠色。

Step 1 線稿繪製

地面上的物體基本在一條水平線上

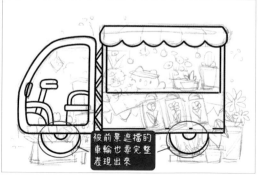

被前景遮擋的車輪也要完整表現出來

01 用「薄荷筆刷」繪製草圖。花卉元素較繁複，起稿時注意將花種區分開。接著用「畫室畫筆」從汽車輪廓開始勾勒線稿，被遮擋的部分也要畫出來，避免結構出錯。

02 勾勒動物和其餘物體的細節,花朵和葉片要區分開。將車身被遮擋部分的線條擦除,並注意物體相互遮擋的部分線條不宜太過繁瑣。

Step 2 主體上色

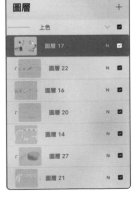

03 從主體汽車開始上色。先鋪一個藍色的主體色調,確定配色方向後,挑選適宜的顏色為花葉繪製底色。葉片的顏色要有一定的變化,讓畫面更豐富。

04 在底色的基礎上細畫花葉細節，注意花葉的表現形式有一定的差異。再用白色和淺色為畫面添加星星點點的裝飾元素。

Step 3 背景繪製

05 前景繪製完成後，開始繪製背景。因為主體較複雜，所以背景的細節相對較少。先為背景鋪一個藍色的底色，再用「噴槍」下的「軟筆刷」繪製紅色的漸層效果，讓背景底色有所變化。

06 用深淺不同的綠色繪製左側的草叢，靠近汽車的部分草叢顏色偏深綠，靠近天空的部分草叢顏色偏黃綠。然後用偏暗的粉色點綴草叢上的小花。

Step 4 細節調整

07 勾勒出右側的盆栽植物，並畫上暗部和葉脈細節。然後在天空畫出奔跑的小兔子狀的雲朵，調整其形狀並添加暗部陰影，完成繪製。

Lesson 2
美味誘人的食物

 桃子味的夏天 夏日炎炎，開啟一瓶桃子味的飲料，回憶春日的甜美。

Step 1 草圖繪製

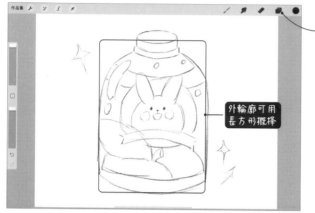

> 外輪廓可用長方形概括

● H:0 S:0 B:0

01 新增一個尺寸為 150mm*120mm 的畫布，解析度為 300dpi。在圖層 1 上用「薄荷」筆刷繪製出瓶子的輪廓和大致圖案。

Step 2 線稿繪製

> 繪圖參考線僅針對單一圖層

> 選擇「對稱」模式，其餘參數預設

02 調低草圖的線稿清晰度，新增圖層，在草圖的基礎上用「畫室畫筆」勾勒瓶子的外輪廓。勾勒輪廓前可啟用繪圖參考線中的對稱參考線，這樣在勾勒左邊輪廓時，右邊會自動生成對稱的部分。

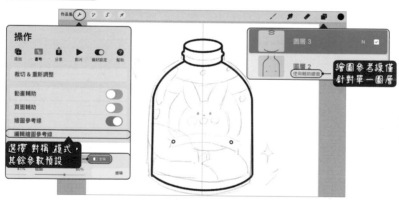

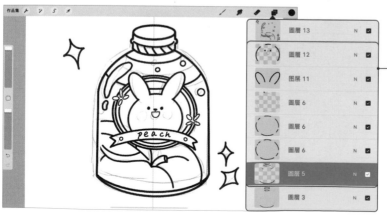

> 中間的圖形和兔子裝飾細節較多，分層繪製方便後期擦除線條

03 因為線稿比較潦草，勾線時要注意調整物體。線稿階段可以多分一點圖層，相互交叉的線條位於不同圖層上更方便後期擦除多餘的線條，降低繪製難度。

Step 3 上色

04 線稿勾勒好後，在線稿群組下方新增一個上色圖層群組，在兩個不同的圖層上繪製深淺不同的粉色，鋪畫瓶子的底色。

- H:1 S:6 B:99
- H:344 S:18 B:97
- H:347 S:51 B:92
- H:345 S:31 B:95

05 繼續在底色圖層上新增圖層，調整瓶子底色。注意盡量挑選粉嫩且鮮亮的顏色，透過配色來增添畫面的可愛度。

- H:2 S:0 B:100
- H:345 S:29 B:95
- H:188 S:37 B:83
- H:4 S:6 B:99
- H:47 S:26 B:100
- H:0 S:42 B:100
- H:37 S:32 B:93
- H:78 S:39 B:89

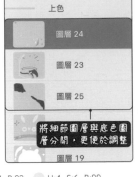

- H:2 S:0 B:100
- H:348 S:64 B:92
- H:4 S:6 B:99
- H:316 S:18 B:96
- H:85 S:45 B:69
- H:233 S:54 B:90

06 用比底色深一些的顏色加深畫面暗部，讓色彩明暗區分更明顯。再用淺粉和白色為畫面添加一些可愛的小元素，完成繪製。

Finish

89

清爽的夏日冰飲 一起享用夏日繽紛的飲品吧！

用色塊剪影表現
杯中冰塊

麻糬奶茶

 ▶  ▶  ▶

草莓飲品

 ▶  ▶  ▶

梯形概括
杯子輪廓

夢幻冰飲　　　　　　　　　　**檸檬汽水**

 ▶ 　 ▶

 ▶ 　 ▶

藍莓氣泡水

用圓圈表示
氣泡

 ▶  ▶  ▶

新鮮的時令蔬果 秋收之際，開心地採購新鮮蔬果，補充營養。

Step 1 草圖繪製

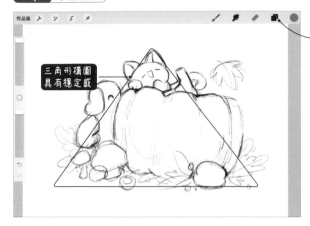

三角形構圖
具有穩定感

● H:0 S:0 B:0

01 這幅作品採用三角形構圖。起稿時要注意各物體之間的大小比例，南瓜是畫面的主體，因此佔比最大。

Step 2 線稿繪製

02 從中間的南瓜開始勾勒線稿。多使用弧線表現，更能表現南瓜輪廓的圓潤感。

03 勾勒小動物的輪廓。小動物們的位置比較靠後，因此在南瓜下層新增圖層來繪製。

04 從前面的蔬菜開始上色。這幅作品表現的是秋天的蔬果，因此配色上偏暖棕。以此思路替周圍的物體上色。

● H:29 S:66 B:100　● H:39 S:68 B:80
● H:25 S:57 B:54　● H:85 S:58 B:76
● H:21 S:70 B:86　● H:14 S:77 B:96

枯萎的秋葉加深秋天蔬果成熟的氛圍感

05 主體物畫好後，替周圍的葉片上色。注意葉片要有色彩變化，偏黃或偏藍，這樣畫面色彩更多樣、更耐看。

● H:54 S:81 B:84　● H:146 S:44 B:67
● H:84 S:67 B:72　● H:91 S:75 B:60
● H:30 S:73 B:87　● H:14 S:77 B:96

暗部沿瓜身塗畫

06 用塊面表現南瓜和散落的蘑菇柿子的細節，加強它們的體積感，並點塗出南瓜和動物們身上的亮部。完成繪製。

○ H:2 S:0 B:100　● H:47 S:41 B:99
● H:29 S:84 B:93　● H:84 S:73 B:54
● H:39 S:79 B:74

Finish

帶來好心情的甜點 甜甜的美食帶來一整天的好心情。

水果蛋糕

輪廓圓潤一些更可愛

蛋糕塔

舒芙蕾

用弧線表現奶油的滑潤感

格子鬆餅

用長方形表現格子鬆餅紋理

草莓奶油蛋糕

奶油暗部用淺粉色繪製

好喝的草莓牛奶 香濃的草莓牛奶，為平凡的日常帶來一抹甘甜。

Step 1 草圖繪製

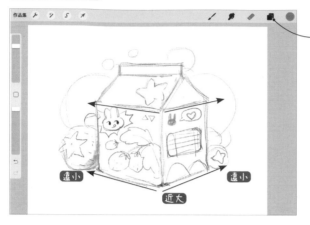

● H:0 S:0 B:0

01 牛奶盒子有一定程度的透視變化，繪製時注意近大遠小的透視關係。越簡單的物體透視關係越不能畫錯。

Step 2 線稿繪製

02 從牛奶盒子和草莓開始勾勒線稿。牛奶盒子的邊角可以處理得圓潤一點，讓物體看起來更乖巧。

03 繼續勾勒線稿，並將牛奶盒子上的裝飾元素畫出來。注意裝飾元素也隨著畫面有近大遠小的透視變化。

Step 3 上色

H:7 S:46 B:100　　H:0 S:57 B:91
H:112 S:41 B:78　　H:26 S:9 B:100
H:87 S:24 B:90　　H:46 S:70 B:100

04 從牛奶盒子開始上色。轉折面顏色要稍深一點，才能將體積感表現出來。

粉色圈圈周圍的黑線比較影響效果，直接擦除

以波浪線的形式繪製草莓紋理

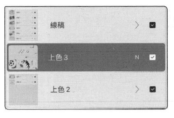

H:109 S:59 B:58　　H:9 S:39 B:98
H:56 S:21 B:100　　H:253 S:42 B:65
H:7 S:77 B:51　　H:7 S:46 B:100

05 為周圍的草莓上色，並為畫面添加點狀元素的細節。注意，草莓牛奶盒子整體為粉色調，因此葉片的綠色也要偏暖一點。

H:2 S:0 B:100　　H:46 S:70 B:100
H:9 S:24 B:100

06 用深一點的粉色和黃色為畫面添加細節，並用白色點塗亮部，讓畫面的色彩層次得到延展。完成繪製。

 配色解析

主色調：

● H:15 S:22 B:100　　● H:0 S:51 B:95　　● H:0 S:60 B:80

其他顏色：

● H:33 S:51 B:85　　● H:34 S:70 B:93　　● H:88 S:52 B:69

這幅作品主色調為粉色，因此其他顏色也應選擇偏暖的。如紫色和黃色選擇偏紅一些的，綠色選擇偏黃一些的，以讓整體配色更和諧。

Step 1　線稿繪製

01 用「薄荷」筆刷繪製草圖。框或構圖中要注意元素的大小比例，主體物佔比較大且在畫面中最突出。同時注意選取與美食相關的元素進行繪製。草圖畫好後從主體蛋糕開始勾勒線稿。

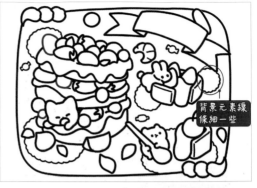

02 勾勒小動物和裝飾元素。因為裝飾元素比較小，勾線時只需要畫出輪廓，細節在上色時完成。添加小動物元素能讓畫面看起來更活潑可愛。

Step 2 背景上色

03 在線稿圖層下方新增圖層，從背景開始鋪色。背景一般選用偏淺的顏色繪製，這樣可以先為畫面確定一個色調大方向，避免後續配色出錯。

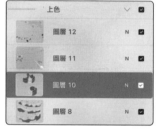

04 為主體甜品和小動物上色。整體顏色都是偏粉偏暖的，因此為蛋糕上色時注意避免使用冷暗的顏色。同時左右的蛋糕使用不同的色彩，讓畫面的色彩變化更多樣。

05 仔細畫出蛋糕上水果的顏色。左側蛋糕上的水果較多，繪製時要用深淺色塊將前後的空間變化表現出來，並用深一點的底色繪製蛋糕和水果暗部，加強體積感。

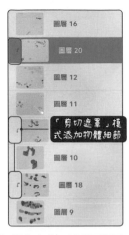

06 使用相同的方法完成右側蛋糕上水果細節的繪製。然後細畫出背景裝飾，並添加裝飾文字，讓畫面氛圍更甜美。

Step 4 細節調整

07 為畫面添加一些點線面的裝飾元素，讓細節層次更豐富。因為黑色線條在這幅作品中略顯突兀，對輪廓線條顏色進行調整。完成繪製。

2

 準備出發 收拾好行囊,一起去感受世界的多采多姿。

Step 1 草圖繪製

01 整張圖是有一定透視變化的,起稿時要注意近大遠小的透視關係。

Step 2 線稿繪製

02 將草圖圖層的透明度調低,開始勾勒物體線稿。服飾紋理均可在後續上色時完成。

03 繼續勾勒線稿,行李箱四角輪廓用弧線表現,增添畫面的可愛度。

Step 3 上色

深淺不同的顏色
表現空間變化

04 在線稿圖層下方新增圖層，為兔子和行李箱上色。注意行李箱內壁顏色比外面淺一些。

● H:348 S:35 B:100　● H:54 S:45 B:97

● H:30 S:27 B:100　● H:8 S:15 B:100

● H:12 S:51 B:84

05 挑選一些粉嫩的顏色為服飾上色。畫面中堆疊的物品較多，注意挑選不同的顏色來表現。

● H:39 S:59 B:100　● H:49 S:45 B:100

● H:302 S:16 B:89　● H:82 S:31 B:81

○ H:199 S:14 B:96　● H:354 S:16 B:100

Finish

○ H:2 S:0 B:100

● H:4 S:46 B:100

06 用白色和淺色刻畫細節紋理，讓方塊物體之間有所區分，同時也讓畫面變得更好看。完成繪製。

收拾行囊去旅行 有趣的世界，讓我們一起去探索吧！

查看地圖

被遮擋的部分也要
注意結構的準確性

逛夜市

三角形構圖更具穩定性

乘坐摩天輪

用水滴形狀的
組合表現煙火

揚帆出海

快樂滑翔

三角形滑翔翼邊緣
用圓弧概括

自在小憩

注意小動物頭身
比例的準確性

相伴出遊

用條紋概括長頸
鹿身上的紋理

賞花時節

飄散的花瓣
加強氛圍感

生活中的新嘗試 勇敢嘗試學習新事物，讓生活變得更有趣。

Step 1 草圖繪製

● H:0 S:0 B:0

01 為了表現正在衝浪的運動狀態，繪製出衝浪板和海浪向左上傾斜的動態感，並用飄散的水滴加強流動感。

Step 2 線稿繪製

02 將草圖圖層的透明度調低，從主體物兔子開始勾線。浪花用圓潤的半圓概括，讓畫面看起來更可愛。

03 勾勒周圍的裝飾元素。裝飾元素的線條粗細有一定的變化，如靠後的太陽輪廓線條較細，表示處於畫面較遠的位置。

Step 3 上色

留白的形狀
與輪廓一致

04 挑選合適的顏色為畫面鋪底色,浪花邊緣可以直接留白以表現受光面,注意靠後的山和樹的顏色偏暗。

- H:11 S:18 B:100
- H:196 S:38 B:100
- H:139 S:38 B:84
- H:207 S:46 B:100
- H:20 S:67 B:100
- H:43 S:34 B:91
- H:50 S:64 B:100
- H:108 S:54 B:79

05 在底色圖層上新增細節圖層,開始刻畫畫面細節,讓畫面的明暗有一定變化。

- H:43 S:47 B:78
- H:136 S:63 B:62
- H:188 S:20 B:96
- H:216 S:60 B:100

將較細的輪廓線去掉

- H:2 S:0 B:100
- H:46 S:70 B:100
- H:207 S:45 B:100

06 用白色點綴亮部,並繪製一些點狀的裝飾元素,加強水面波光粼粼的感覺。完成繪製。

Finish

記錄路上所見 一路上的奇聞趣事，讓我們一一描繪在紙上吧！

觀光巴士

小動物較多，注意色彩豐富一些

海洋館地圖

用點線面概括地圖上的細節

路牌

用圖案示意路牌的目的地

太空遊記

配色解析

前景顏色：
- H:9 S:66 B:97
- H:198 S:17 B:98
- H:332 S:25 B:97
- H:38 S:41 B:100

遠景顏色：
- H:221 S:65 B:66
- H:208 S:80 B:71

這幅作品前景元素特別豐富，用色多樣，因此背景選擇了偏暗沉單一的藍紫色，以讓畫面更透氣。

Step 1 線稿繪製

01 先用「薄荷」筆刷繪製草圖，注意中間的貓咪和兔子的面積佔比是最大的。再換用「畫室畫筆」從動物開始勾勒線稿。

畫面呈「S」型構圖，更能表現流動感

紋理不必在線稿階段表現

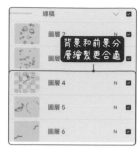

02 勾勒完前景的動物和裝飾元素後，開始勾勒背景元素。注意前景元素已十分豐富且飽滿，因此後方的背景表現應簡化。

Step 2 背景上色

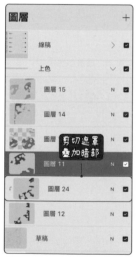

03 在線稿圖層下方新增上色圖層，從遠景的太空開始填色。太空選擇偏深的藍色繪製，相對的，飛船內部選用明亮一點的顏色，透過明暗對比讓前景更突顯。

04 繼續鋪畫背景顏色。點按「筆刷 > 噴槍」按鈕,選擇「軟筆刷」來塗畫雲層和星球的漸層效果,讓色彩變化更豐富。

Step 3 繪製主體

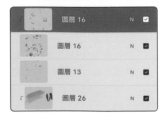

05 為主體動物上色。因為小元素比較多,上色時注意色彩的豐富度,避免使用過多近似色而出現順色的情況。同時畫出部分動物的裝飾紋理。

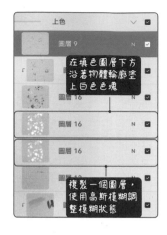

06 主體物畫好後，在底色下方新增圖層，用白色沿著物體輪廓勾勒一圈，並填色為白色。複製一個圖層，點按「調整 > 高斯模糊」按鈕，將數值調整為 8.5%，營造發光的感覺，讓畫面更顯夢幻。

📝 高斯模糊使用方法

高斯模糊是指將色塊邊緣柔和處理，呈現一種虛化的效果。一般使用「圖層」模式，更易操作控制。

▶

Step 4 細節調整

07 為畫面添加一些裝飾元素，如雲層上的小雨滴、星球上的幾何元素和太空中的小星星等，讓太空的氛圍感更強。完成繪製。

Lesson 2
動物萌寵

 分享甘甜 和可愛的小傢伙們一起，品嚐甘甜的水果吧！

Step 1 草圖繪製

● H:0 S:0 B:0

01 這幅作品中的物體種類較多，起稿時注意各部分的比例大小。同時要注意小動物的動態，均朝向內側增強互動感。

Step 2 線稿繪製

02 從小動物的輪廓開始勾勒線稿。讓線條保持平滑圓潤，增添可愛感。

03 在動物圖層下方新增圖層，勾勒後方的水果，被動物遮擋的部分也要確保結構的準確性。

每顆葡萄顏色都有變化，畫面更豐富。

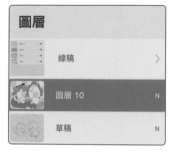

圖層

線稿	>
圖層 10	N
草稿	N

04 從背景水果開始上色。因為畫面的主體是前景的小動物，因此背景不宜選擇過於鮮亮的顏色。

● H:320 S:23 B:90　● H:274 S:38 B:96　● H:4 S:40 B:98
● H:36 S:57 B:96　○ H:60 S:10 B:100　● H:60 S:35 B:100
● H:85 S:36 B:83　● H:92 S:40 B:88

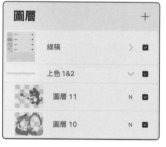

圖層　+

線稿	> ☑
上色 1&2	∨ ☑
圖層 11	N ☑
圖層 10	N ☑

05 在背景圖層上新增圖層，繪製前景小動物。配色的思路是如何突顯前景物體。

● H:30 S:51 B:100　○ H:182 S:16 B:91
● H:34 S:57 B:100　● H:357 S:44 B:96
● H:24 S:33 B:100

塊狀紋理　　同心型紋理

| 圖層 16 |
| 圖層 13 |

○ H:2 S:0 B:100　● H:93 S:54 B:82
● H:48 S:35 B:100　● H:26 S:64 B:99

06 刻畫水果的細節，將它們各自的特徵表現出來。最後用白色和淺色點綴畫面，增強水果的光澤感。完成繪製。

Finish

慵懶貓生 陽光和煦，貓兒懶懶地舒展身體，空氣裡有迷濛的氛圍。

眨眼貓

腦袋是橢圓形

午睡貓

「為我加點花紋吧」

害羞貓　　　　　　　　　　　**毛線球貓**

來抓星星吧

多點星星更有氛圍

萌趣小狗　開心生氣都是你，家有萌趣汪星人。

氣鼓鼓比熊

用斷線表現
蓬鬆毛髮

阿拉斯加的午後

好朋友來握手

草圖預留
花紋位置

疑惑柴柴

阿爾法鎖定
修改線條顏色

屁顛顛柯基

萌寵日常 點一杯珍珠奶茶，享受靜謐片刻。

Step 1 草圖繪製

● H:0 S:0 B:0

01 元素的組合是為了加強主題氛圍。如這幅作品中小狗的閉眼表情、背後鬆軟的靠枕和頭頂飄揚的音符，都展現了休閒的感覺。

Step 2 線稿繪製

臉頰鼓一點更可愛

02 從小狗開始勾勒線稿。勾線時注意線條平滑一些，小狗臉上的裝飾元素可以不用勾線表現。

短弧線表現枕頭上的凹陷處

03 勾勒背後的靠枕，用短弧線表現枕頭上的凹陷處，呈現小狗靠在枕頭上的真實感。

Step 3 上色

鋪底色時將面部細節留出來

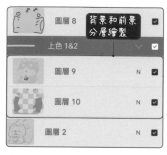

背景和前景分層繪製

上色 1&2

圖層 8 / 圖層 9 / 圖層 10 / 圖層 2

04 挑選對應的顏色為畫面鋪一層底色。注意畫面主體小狗盡量選擇飽和度和明度都較高的顏色，以將它突顯出來。

- ● H:10 S:34 B:97
- ● H:201 S:25 B:100
- ● H:26 S:29 B:100
- ● H:300 S:20 B:93
- ● H:20 S:56 B:66
- ● H:2 S:17 B:90
- ● H:51 S:16 B:100
- ● H:160 S:25 B:91

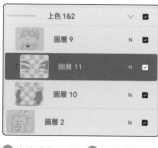

上色 1&2

圖層 9 / 圖層 11 / 圖層 10 / 圖層 2

05 在枕頭底色圖層上新增「剪切遮罩」，然後挑選黃色繪製枕頭上的條紋紋理，暗部用深綠色繪製以區分轉折面。

- ● H:40 S:34 B:96
- ● H:40 S:34 B:96

圖層 16 / 圖層 13 / 色彩增值繪製暗部 / 圖層 14

Finish

- ○ H:2 S:0 B:100
- ● H:206 S:42 B:100
- ● H:25 S:50 B:96
- ● H:141 S:33 B:73

06 挑選比枕頭底色深一些的顏色繪製暗部，並畫出小狗臉上的腮紅。再用白色點綴畫面，豐富細節層次。完成繪製。

軟萌小可愛 讓各種生活場景中都有可愛的小動物們出現。

生日蛋糕

添加小花背景
讓畫面更飽滿

放聲高歌

拿著花的小鳥

撲雪花的企鵝

慶祝的小貓

愉快通話

穿著雨衣的小鴨

彈松果吉他的松鼠

配送禮物

晚安好夢

休閒一刻

Step 1 線稿繪製

01 作品採用框式構圖，以遊戲機的外框作為框架，將畫面中心集中在遊戲機內部的玩偶們身上，因此遊戲機外框的細節較少。草圖畫好後，開始用「畫室畫筆」勾勒線稿。

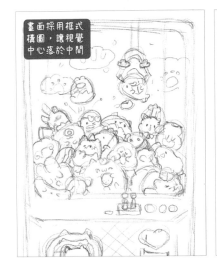

畫面採用框式構圖，讓視覺中心落於中間

玩偶較多，勾線時可變化表現形式

波浪線表現綿羊輪廓

短線表現毛絨絨的輪廓

前景複雜，背景元素較簡單

02 繼續勾勒玩偶，注意，玩偶越靠後方面積越小，從玩偶的大小變化來區分空間遠近。

Step 2 背景上色

色彩增值繪製線條較紋理

外框偏暖

內壁偏冷

使用「軟畫筆」筆刷」繪製漸層效果

「剪切遮罩」模式下繪製漸層

03 在線稿圖層下方新增上色圖層，從遊戲機外框開始上色。遊戲機外框選擇偏暖的色調繪製，內壁則選擇偏冷的顏色繪製，從色彩的冷暖來區分空間的遠近。

噴槍筆刷繪製漸層

a 書法 ── 軟筆刷
▲ 噴槍

「軟筆刷」常用於漸層效果的表現，可協助豐富色塊顏色層次。
使用方法是在底色色塊上方新增「剪切遮罩圖層」，再挑選對應的顏色繪製。

筆刷尺寸較大時，邊緣較模糊

讓色彩漸層更柔和

Step 3 繪製主體

偏紅　偏橘　黃綠　鵝黃

靠後的玩偶選擇偏暗一些的顏色

靠前的物體顏色鮮亮些

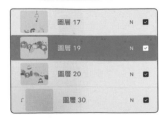

	圖層 17	N	☑
	圖層 19	N	☑
	圖層 20	N	☑
	圖層 30	N	☑

04 開始為主體玩偶上色，從前往後繪製底色。因為玩偶數量較多且形狀變化豐富，上色時一定要將鄰近物體的顏色區分開，避免物體混雜在一起。

05 用「剪切遮罩」為左上角的小動物添加漸層效果，讓底色不至於太沉悶。然後添加一些動物的紋理，讓玩偶之間的差異更明顯些。

Step 4 細節調整

06 為小動物們添加紅潤的腮紅，並畫上閃亮的白色裝飾元素，讓它們變得更可愛。最後整體調整，將游戲機外框內沿的顏色調為黃色，讓它與遊戲機外框的顏色更和諧。完成繪製。

圖層		+
	圖層 29	N ☑
	圖層 21	N ☑
	圖層 27	N ☑

百變穿搭

 今日穿搭 穿上美美的新衣，與好友閒逛在春日的暖陽中。

Step 1 草圖繪製

● H:0　S:0　B:0

01 繪製人物時要注意人體比例。此處的頭身比約為 1：1.5，這個比例能讓人物看起來更 Q 萌可愛。

Step 2 線稿繪製

邊勾線一
邊調整輪廓

02 從頭部開始描繪線稿，外輪廓的線條粗細維持在 26% 左右，五官的線條粗細則控制在 10%。

03 繼續繪製身體、手部等較複雜的結構，只需用線條概括出大致輪廓即可。

04 在線稿下方新增圖層,從臉部開始鋪上底色。膚色一般是最靠下面的圖層。

○ H:7 S:10 B:99　● H:47 S:25 B:100
● H:31 S:28 B:85　○ H:213 S:14 B:96
● H:190 S:20 B:88　● H:78 S:35 B:92

白色包包用陰影色塊表現厚度

05 繪製紅色的裙子,並畫出上面的圖案。然後用深一點的紅色畫出臉部腮紅等細節。

● H:8 S:64 B:89　● H:33 S:56 B:96
● H:10 S:22 B:98　● H:0 S:28 B:98
○ H:2 S:0 B:100　● H:213 S:14 B:96

○ H:2 S:0 B:100
● H:130 S:16 B:98
● H:349 S:44 B:97
● H:212 S:48 B:91

06 用淺一點的顏色豐富頭髮、帽子和裙子的細節,並畫出帽子的暗部。簡化的人物要控制陰影的比例,若陰影過多容易讓人物顯得太過立體。完成繪製。

Finish

變得更可愛的單品 用好看的單品為今日穿搭畫龍點睛吧!

小花髮飾

小惡魔髮箍

魔法帽

> 多點星星
> 增添神秘感

煎蛋帽

> 手捧三明治加強
> 美味的氛圍

鮮花花環

兔子耳朵

貝雷帽

透明氣泡內的
臉頰要畫出來

丸子頭

用橢圓形表
現頭髮亮部

一起運動吧 穿上嶄新的運動裝，相約三五好友一起外出運動。

Step 1 草圖繪製

● H:0 S:0 B:0

01 畫面採用三角形構圖，在表現人物動感的同時增強畫面的穩定性。繪製草圖時注意人物身體比例和五官位置。

Step 2 線稿繪製

02 從人物輪廓開始勾勒線稿。頭部圖層位於身體圖層的上方，手指畫得圓潤短小一些更顯可愛。

03 勾勒人物旁邊的裝飾元素，並細畫人物身上的部分細節。有一部分紋理可在上色時完成。

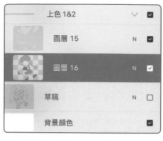

04 先將五官和服飾分為兩個圖層，再整體上色。鋪色時注意保持色塊邊緣的俐落，讓人物看起來更精緻。

● H:201 S:37 B:94　　● H:274 S:26 B:96
○ H:16 S:10 B:100　　● H:149 S:32 B:86
● H:355 S:34 B:100　　● H:359 S:55 B:75

深黃繪製頭髮暗部，區分頭髮層次

05 細畫服飾和五官細節，並繪製暗部以加強人物的立體感。然後用黃粉藍綠為周圍的裝飾元素上色。

● H:42 S:42 B:94　　● H:351 S:24 B:100
● H:24 S:57 B:100　　● H:179 S:25 B:88
● H:211 S:53 B:100　　● H:271 S:45 B:100

○ H:2 S:0 B:100
● H:4 S:52 B:99

06 用白色點綴亮部，再用紅色調整腮紅，加強人物的可愛感。完成繪製。

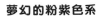 隨著季節變化，穿上不同色系的服飾，讓生活變得更豐富。

夢幻的粉紫色系

頭髮選擇粉色
更夢幻

低調的橙黃色系

亮部沿著
弧線分佈

甜美的粉色系

蛋糕的顏色
與服飾一致

溫暖的黃綠色系

紅色偏黃一點，讓色調更統一

清新的綠色系

小花髮飾與手中的花束很搭配

學院風的咖啡色系

臉部陰影沿著瀏海輪廓繪製

用點狀元素豐富畫面細節

配色解析

人物和動物的用色：
- H:40 S:48 B:94
- H:48 S:31 B:100
- H:334 S:67 B:100
- H:4 S:60 B:95

遊樂設施的用色：
- H:212 S:18 B:78
- H:168 S:22 B:71
- H:201 S:55 B:81
- H:292 S:25 B:46

配色時為了更突出畫面主體，一般主體會選用偏鮮豔的顏色，背景則選擇偏暗沉的顏色，透過色彩的明暗對比區分畫面層次。

Step 1 線稿繪製

01 用「畫室畫筆」將草圖繪製出來，注意畫面構圖重點是靠前的小女孩和兔子，它們的面積佔比較大。接著降低草圖透明度，新增圖層並沿著草圖從小女孩開始勾勒線稿。

畫面中的元素相互遮擋，因此分層進行勾線

圖層 +

圖層 37

圖層 26

從網圖

圖層 9

圖層 6

圖層 10

圖層 15

圖層 14

草圖

02 勾勒完主體人物和動物後，勾勒靠後方的小動物和遊樂設施。遊樂設施的面積相對小一點。動物的線條再稍微圓潤平滑，會顯得更可愛。

Step 2 背景上色

填入藍色，確定畫面的背景色調為藍色

圖層 10

圖層 15

圖層 14

圖層 7

上色

漸層波點紋理

圖層 39

鎖定圖層

背景顏色

漸層波點紋理主要集中在畫面中間

03 在線稿圖層下新增 3 個圖層，開始刻畫背景。在最下方的圖層上填滿一種藍色，填好底色後將圖層鎖定，防止後期上色時會干擾到這層。接著畫雲、投影和漸層紋理以豐富背景，漸層紋理主要從中間向四周擴散。

Step 3 繪製主體

04 從人物的膚色開始從前往後鋪畫底色，越靠前的主體物色彩越鮮明。第一遍鋪畫底色主要是為了確定畫面的配色，此時不用添加細節的色彩。

05 繼續為各物體上色，靠後方的遊樂設施顏色選擇偏深一點的，以突顯前景的物體。隨後陸續為物體添加細節，讓畫面變得更豐富。

06 後方的旋轉木馬選擇與底色相近的深淺顏色完善細節，讓細節更豐富。隨後用紅色系調整小兔子和小貓的腮紅，讓小動物更顯可愛。冰淇淋選擇與主體物近似的顏色，可以讓畫面看起來更和諧。

Step 4 細節調整

07 點按「操作 > 添加」按鈕，選擇「添加文字」命令，為畫面添加裝飾文字。然後複製一層文字，挑選一個偏灰的顏色，往右上方移動以表現文字的陰影。

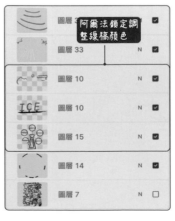

08 鎖定部分線稿圖層（主要是人物五官圖層），調整動物五官的線條顏色，讓線條與色塊更和諧。完成繪製。

收集城市中的建築縮影

午後咖啡屋　點一杯美式咖啡，坐在咖啡屋窗前，看著人來人往，十分愜意。

Step 1 草圖繪製

4個長方形概括輪廓

H:0 S:0 B:0

01 繪製咖啡屋草圖時，可將建築物輪廓概括為 4 個大小不一的長方形，然後在長方形輪廓的基礎上添加細節。

Step 2 線稿繪製

輪廓線相互垂直

草圖圖層透明度調低，也可放置於線稿圖層上方

02 用幾何形勾勒建築物的線稿。因為建築物的特殊結構，勾線時要注意保持線條豎直的狀態，不要畫歪。

小動物增添活力

03 細畫建築物，並用波浪線概括後方的樹叢，注意樹叢有大小的變化。

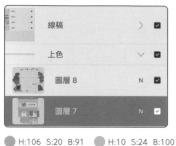

04 鋪畫底色。用大色塊將畫面中物體底色繪製完成,這樣更方便後續挑選細節顏色,也可提前避免選色出錯。

⬤ H:106 S:20 B:91　⬤ H:10 S:24 B:100

⬤ H:45 S:62 B:100　⬤ H:176 S:39 B:89

05 添加畫面細節。建築外牆用長短線表現磚牆質感,後方的樹叢用深淺色塊表現層次。透過色彩變化讓畫面細節更豐富。

⬤ H:116 S:35 B:78

⬤ H:24 S:50 B:100

⬤ H:284 S:37 B:88

⬤ H:55 S:70 B:99

◯ H:2 S:0 B:100　⬤ H:10 S:24 B:100

⬤ H:27 S:72 B:79　⬤ H:21 S:35 B:97

06 用淺色和白色豐富畫面細節,讓畫面更豐富耐看,添加的時候注意讓不同物體之間紋理有所不同。再對右側樹叢的顏色進行調整,讓它和前面的窗戶有所區分。完成繪製。

Finish

各式各樣的商店　街上可愛的小店，販賣著各式各樣的商品。

冰淇淋店

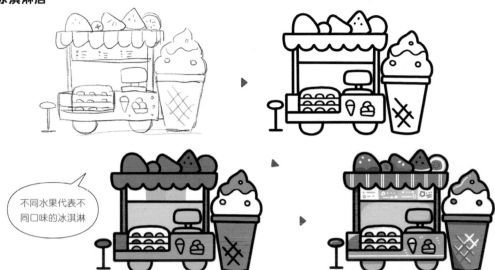

不同水果代表不同口味的冰淇淋

咖啡店

平行的斜線表現玻璃上的亮部

服飾店

櫥窗展示的衣服可以有一點變化

餐飲店

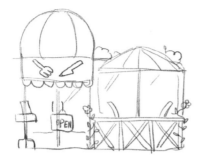

文具店

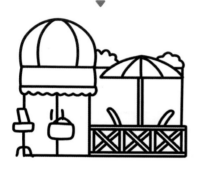

書店

販賣甜點的烘焙屋 人來人往的街道上傳來陣陣撲鼻的香味，誘人停下前行的步伐。

Step 1 草圖繪製

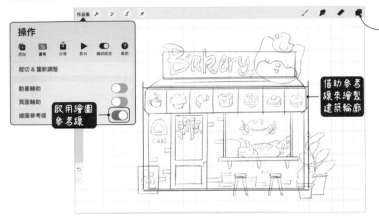

● H:0 S:0 B:0

01 新增畫布，點按「操作 > 畫布」按鈕，打開「繪圖參考線」按鈕，用「2D 網格」模式構建參考線。

Step 2 線稿繪製

02 從外輪廓開始勾勒建築物的線稿。勾線時注意線條要有一定的粗細變化，外輪廓比內部細節的線條要粗一點。

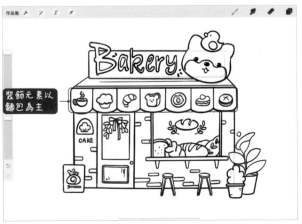

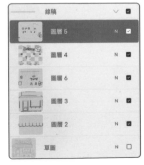

03 勾勒完善烘焙屋的線稿。店面上方的裝飾元素應盡量挑選與主題有關聯的，以讓畫面更和諧統一。

色塊超出邊緣，可透過後續顏色疊加蓋住

04 挑選對應的顏色來鋪畫建築物的底色。窗內的顏色偏暗一些，透過明暗對比能將空間感表現出來。

⬤ H:215 S:10 B:99　⬤ H:10 S:19 B:96
⬤ H:31 S:57 B:96　⬤ H:39 S:8 B:99

05 為畫面細節上色。因為主體顏色定為黃色，細節部分的顏色要盡量選擇與它相配的顏色繪製。

⬤ H:204 S:45 B:80　⬤ H:13 S:76 B:87
⬤ H:19 S:55 B:100　⬤ H:28 S:63 B:61
⬤ H:83 S:45 B:76　⬤ H:40 S:44 B:100

黃脈不用黑線勾勒，看起來更自然

⬤ H:2 S:0 B:100　⬤ H:13 S:76 B:87
⬤ H:116 S:24 B:82　⬤ H:242 S:22 B:63
⬤ H:32 S:97 B:89　⬤ H:14 S:64 B:94

06 用比底色深一些的顏色加深畫面暗部，讓色彩明暗區分更明顯。再用白色為窗框添加亮部，用淺黃色完善磚牆細節。完成繪製。

Finish

具歷史味的中式建築 傳統古蹟不勝枚舉，讓我們一起去探索吧！

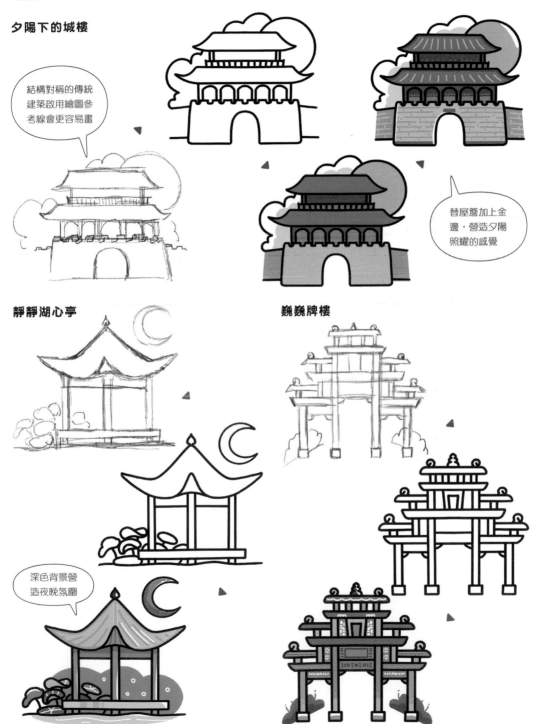

夕陽下的城樓

結構對稱的傳統建築啟用繪圖參考線會更容易畫

替屋簷加上金邊，營造夕陽照耀的感覺

靜靜湖心亭

巍巍牌樓

深色背景營造夜晚氛圍

氣派宅門

壯美壇廟

林中樓閣

背景加一點雲朵，增強畫面完整性

配色解析

偏紅的黃色系：
- H:41 S:23 B:96
- H:57 S:60 B:96

偏藍的紫色系：
- H:227 S:23 B:86

偏紅的紫色系：
- H:282 S:41 B:67

配色時注意對比色的使用。
如黃紫色中黃色偏紅一些，
紫色選擇偏藍或偏紅的，能
夠減少色彩對比，讓畫面更
和諧。

Step 1 線稿繪製

01 在繪製好的草圖
上從外框開始勾勒
線稿。由於草圖位
置比較準確，勾線
時可直接將其他物
體輪廓留出來。

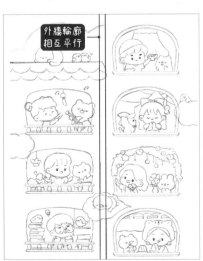

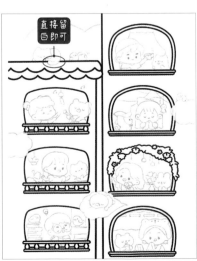

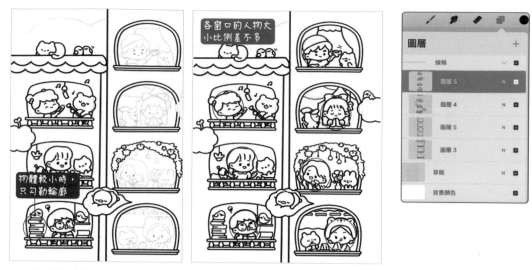

02 從左側的人物開始勾線。由於窗內的細節較豐富，勾線時可適當調整線條粗細，並注意人物和動物的大小比例關係。然後完成右側畫面的刻畫，注意各物體之間的遮擋關係。

Step 2 背景上色

03 在線稿層下方新增圖層，開始為畫面上色。在創作比較複雜的畫面時，可以從背景開始上色，這樣可以為畫面奠定一個大的色彩方向，也可避免後期配色出錯。

Step 3 繪製主體

04 從小動物開始上色，塗畫窗內人物和動物的圖層記得設定在背景圖層上方。同時注意盡量挑選明亮一點的顏色為小動物上色，以便將它們和背景區分開。

05 為人物上色。為了讓畫面色彩看起來更豐富，人物的顏色和細節都盡量繪製得不一樣，以讓畫面充滿看頭和趣味性。

將裝飾文字放在同一個群組，有利於移動和縮放，便於調整畫面效果

06 在背景圖層上方新增圖層遮罩，細畫牆壁上的裝飾花紋。虛化的圓形色塊使用「軟筆刷」來點塗繪製。

07 為畫面添加一些裝飾元素，如窗框內的小雨滴壁紙、雲朵上的彩色小星星等，讓畫面快樂的生活氣息更飽滿。再調整一下細節色彩，讓畫面顏色更統一。完成繪製。

Lesson 3

暖暖的日常

手帳素材展示 利用之前所學的技法，我們可以創作許多裝飾手帳的小元素。電子版的裝飾元素還可根據需要進行調色，實現一圖多用。

● 便簽 & 膠帶

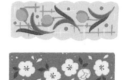

● 對話框 & 文字

手帳展示 利用自製元素製作手帳內頁。

這一頁採用直接繪製元素的方式
製作

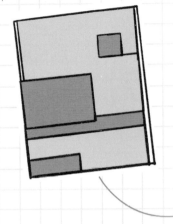

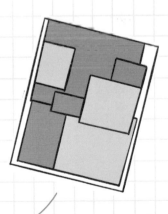

這一頁採用手帳素材拼貼
的方式製作

製作前可先確定手帳內頁的版式，如上方兩個
方框縮略圖，將圖文的大致位置用格子表示出
來。接著採用直接繪製元素的方式還是手帳素
材拼貼的方式製作內容，根據內頁版式特點來
決定。

 表情包展示 豐富的表情能讓人物更生動有趣，嘗試用 Procreate 製作屬於自己的表情包吧！

人物情緒的輕重變
化可透過表情的誇
張程度來表現。

 ▶  ▶

表情包的展示

超級生氣

超級感動

自閉憂鬱

慌慌張張

無法抑制的悲傷

大大的問號

五官變化幅度越大，情緒表達給人的
衝擊感越強烈。

心動的感覺

開心地歡呼

GIF 動態表情包製作方法　一起學習一下如何將靜態圖轉換為 GIF 動態吧！

01 將上色圖層和線稿圖層建立群組，點按「操作 > 畫布」按鈕，打開「動畫輔助」按鈕，此時畫布下方出現動畫時間軸。

02 將圖層群組複製兩次，用移動工具對需要表現動態的元素進行調整。

03 調整好元素的狀態後，點按動畫時間軸的「設定」按鈕，可以根據需求調整參數。

04 點按「操作 > 分享」按鈕，以「動畫 GIF」格式匯出檔案，動圖表情包就製作好了。

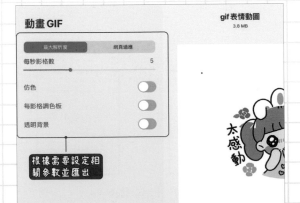

日曆的製作方法

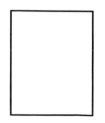 ▶  ▶  ▶

新建畫布，將畫作置入文件內，加上年月日資訊，調整版面並添加一些裝飾元素，可愛的日曆就製作完成了。

照片裝飾

 記錄日常

利用可愛簡筆畫的元素裝飾照片，增添照片的趣味性。同時也可利用繪畫的方式記錄下拍照時的心境，讓創作充分融入我們的生活。

選取照片中有趣的部分，進行塗畫。

在照片上創作時，
顏色要盡量選用明
亮些的，讓圖案能
更突出。

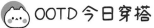 OOTD 今日穿搭

用畫筆為自己的每日穿搭照片添加裝飾元素，讓記錄的方式更多樣有趣。

OOTD圖片來源：小紅書博主sure舒兒

繪製 OOTD 照片時，可在照片上直接裝飾，也可以人物造型為基礎，繪製人物插圖，為畫面增添趣味性。

手機桌布展示 嘗試製作屬於自己的手機桌布吧，還可將它們分享給朋友使用。

本頁展示的手機桌布尺寸為：
6.41 cm×12.78 cm。

大家可先自行查看自己手機的桌布尺寸，再進行創作。

可愛風格

除了本書展示的上色方式之外，可愛風格還有其他的表現方式，大家可以多嘗試，找到自己最擅長的畫法。

日式少女風

日系風格比可愛風格更考驗繪圖功力，畫面造型精緻，構圖講求多變，上色方式多以厚塗為主，可在 iPad 繪圖的進階階段來學習。

清新水彩風

水彩風格的繪製重點是表現出手繪水彩的清透感，風格也較多變，有可愛、小清新和古風等不同風格。大家可多嘗試練習，以掌握其用法。

SAUNDERS'
WATERFORD
CLASSIC WATERCOLOUR PAPER
300g/m² (140lb) HP
White

SAUNDERS'
WATERFORD
CLASSIC WATERCOLOUR PAPER
300g/m² (140lb) HP
White

圖片來源：嘻嘻貓 iPad 線上課程

用 iPad 畫出美好的世界：Procreate 快速入門技法

作　　者：飛樂鳥
譯　　者：張雅芳
企劃編輯：王建賀
文字編輯：江雅鈴
設計裝幀：張寶莉
發 行 人：廖文良

發 行 所：碁峰資訊股份有限公司
地　　址：台北市南港區三重路 66 號 7 樓之 6
電　　話：(02)2788-2408
傳　　真：(02)8192-4433
網　　站：www.gotop.com.tw
書　　號：ACU084700
版　　次：2022 年 12 月初版
　　　　　2024 年 02 月初版四刷
建議售價：NT$390

國家圖書館出版品預行編目資料

用 iPad 畫出美好的世界：Procreate 快速入門技法 / 飛樂鳥原
著；張雅芳譯. -- 初版. -- 臺北市：碁峰資訊, 2022.12
　　面；　　公分
　　ISBN 978-626-324-356-9(平裝)
　　1.CST：電腦繪圖　2.CST：繪畫技法
312.86　　　　　　　　　　　　　　　　　111017717